工业机器人应用技术系列

工业机器人与 PLC 技术入门基础篇

智汇自动化科技有限公司教材编写组　编

主　编　李向阳　钟海波

副主编　王刚涛　黎秀科　黄焕俊　王恩广

参　编　赵　君　袁向东　吴文文　林创苗　崔恒恒　吴贵友
　　　　阮志云　刘腾飞　毕德岗　冯维鲁　王全民　廖志威
　　　　张小娟　赵鹏举　田增彬　刘　刚　刘俊峰　黄绍艺
　　　　叶云鹏　贺石斌　孙立源　罗　斌　李泽铖　葛乐竞

机械工业出版社

本书共 10 章，包括机械装配、电气装配、元器件认识、常用工具的使用等内容，每个章节均结合自研的实训平台设计了相应的实训任务，并详细列出了具体操作步骤，可帮助读者掌握机电设备安装的基础技能，为日后深入学习工业机器人与 PLC 技术、参与工业自动化项目打下坚实的基础。同时，本书也注重培养读者的安全意识与实际操作能力，助力读者在工业自动化领域取得长足发展。

为便于读者学习，赠送 PPT 课件（联系 QQ296447532 获取）。

本书适合零基础读者，以及职业院校智能制造、自动化、机械相关专业学生学习使用。

图书在版编目（CIP）数据

工业机器人与 PLC 技术入门基础篇 / 智汇自动化科技有限公司教材编写组编. -- 北京：机械工业出版社，2025.4. --（工业机器人应用技术系列）. -- ISBN 978-7-111-78447-0

Ⅰ. TP242.2；TM571.61

中国国家版本馆 CIP 数据核字第 20258JY410 号

机械工业出版社（北京市百万庄大街 22 号　邮政编码 100037）

策划编辑：周国萍　　　　　责任编辑：周国萍　王春雨

责任校对：龚思文　张　征　　封面设计：马精明

责任印制：单爱军

北京盛通数码印刷有限公司印刷

2025 年 7 月第 1 版第 1 次印刷

184mm×260mm · 8.75 印张 · 203 千字

标准书号：ISBN 978-7-111-78447-0

定价：49.00 元

电话服务　　　　　　　　网络服务

客服电话：010-88361066　　机　工　官　网：www.cmpbook.com

　　　　　010-88379833　　机　工　官　博：weibo.com/cmp1952

　　　　　010-68326294　　金　书　网：www.golden-book.com

封底无防伪标均为盗版　　机工教育服务网：www.cmpedu.com

前 言

随着我国人口红利的逐渐减退，制造业迫切需要实现全自动化生产。以智能生产为核心的工业4.0，成为推动我国产业转型升级的重要依托。不仅大型制造业企业开始纷纷开展产业转型，众多中小企业也顺应工业4.0的发展潮流，积极推进产业升级。以电气自动化为核心的企业在我国如雨后春笋般涌现。工业4.0的全自动化技术为传统制造业的转型升级提供了强大的技术支持，智能化生产模式极大地提高了生产率，为企业的发展创造了有利条件。

工业机器人作为自动化生成中的关键执行机构，其6个自由度的灵活性得到了广泛应用。近年来，随着国产机器人的崛起，工业机器人的应用性价比不断提高。工业机器人是集电气、电工电子、力学、运动控制、金属材料等多学科知识于一体的综合性设备。在应用工业机器人时，需要全面了解其周边设备材料、安装、通信及使用等方面的知识，以确保工作站的高效运行。因此，掌握工业机器人与PLC相关的基础知识，是成功搭建自动化工作站的重要前提。

本书共10章，第1章为机械装配的基本认识，介绍了机械装配的基本概念，零件、套件、组件和部件的认识和区分，以及机械装配的形式和方法；第2章为电气装配的基础知识，介绍了电流、电压、电功率、电阻、电能等电路的基础知识；第3章为机械装配操作的安全知识，介绍了机械组装时周围环境的安全标识，工具使用注意事项，以及机械装配完成后的注意事项；第4章为电气装配操作的安全知识，介绍了电气装配的安全环境，各类电气装配工具使用的安全环境，以及电气装配完成后的注意事项；第5章为常用机械装配工具，介绍了锤子、样冲、内六角扳手、活扳手、花形扳手的规格型号与作用等；第6章为常用电气装配工具，介绍了螺钉旋具、验电笔、斜嘴钳、钢丝钳、尖嘴钳、剥线钳、压线钳的功能、种类及使用方法；第7章为机械装配常用标准件，介绍了丝杠、齿轮、轴承、螺钉的规格型号与作用；第8章为电气装配常用元器件，介绍了低压常用元器件的工作原理，以及开关电源的种类；第9章为机械装配常用测量工具，介绍了各种量具的使用方法；第10章为电气装配常用仪表，介绍了多用表、钳形电流表、绝缘电阻表的应用。

通过本书的学习，读者可以全面掌握机械装配与电气装配的基础知识，熟练识别与使用各类元器件、工具及仪表，为日后深入学习工业机器人与PLC技术、参与工业自动化项目打下坚实的基础。同时，本书也注重培养读者的安全意识与实际操作能力，助力读者在工业自动化领域取得长足发展。为便于读者学习，赠送PPT课件（联系QQ296447532获取）。

由于时间和水平有限，书中难免存在不足之处，敬请广大读者批评指正。

编 者

目 录

前言

第1章　机械装配的基本认识　/1
1.1　什么是机械装配　/1
　1.1.1　基本概念　/1
　1.1.2　机械装配的组织形式　/3
　1.1.3　装配方法　/3
　1.1.4　机械装配的一般工艺流程　/4
1.2　机械装配所需技能　/6
　1.2.1　识读装配图　/6
　1.2.2　常用工具的识别和使用　/6
　1.2.3　常用的装配方法　/6
1.3　课后练习题　/10
1.4　实训练习　/11
　1.4.1　实训平台三轴模组装配　/11
　1.4.2　实训任务表　/14

第2章　电气装配的基础知识　/16
2.1　电流　/16
2.2　电压　/17
2.3　电功率　/17
2.4　电阻　/18
2.5　电能　/19
2.6　课后练习题　/20
2.7　实训练习　/20
　2.7.1　实训平台上电　/20
　2.7.2　实训平台主控电路交流电压的测量　/21
　2.7.3　实训平台主电路交流电流的测量　/22
　2.7.4　实训平台电功率的计算　/22
　2.7.5　实训平台主控电路直流电压的测量　/23
　2.7.6　实训平台主控电路直流电流的测量　/23
　2.7.7　实训平台辅控电路电阻的测量　/24
　2.7.8　实训任务表　/25

第3章　机械装配操作的安全知识　/26
3.1　机械组装时周围环境的安全标识　/26
　3.1.1　了解机械安装环境　/26
　3.1.2　认识机械安装环境中的安全标识　/27
3.2　机械装配时工具使用的安全知识　/28
　3.2.1　常规机械安装工具使用的安全规定　/28
　3.2.2　电动工具使用的安全规定　/28
3.3　机械装配完成后的注意事项　/29
　3.3.1　机械装配完成后检查的注意事项　/29
　3.3.2　机械装配完成后机械设备维护和保养的注意事项　/30
3.4　课后练习题　/30
3.5　实训练习　/31
　3.5.1　安全标志的识读　/31
　3.5.2　工具的清点　/32
　3.5.3　实训任务表　/33

第4章　电气装配操作的安全知识　/35
4.1　电气装配时注意安全环境　/35
4.2　电气装配工具使用的安全知识　/36
4.3　电气装配完成后的注意事项　/37
4.4　课后练习题　/39
4.5　实训练习　/40
　4.5.1　电控柜的清理　/40
　4.5.2　电控柜的安全检查　/41
　4.5.3　实训任务表　/42

第5章 常用机械装配工具 /44

5.1 锤子、样冲 /44
　5.1.1 锤子的种类、功能、使用方法及注意事项 /44
　5.1.2 样冲的种类、功能、使用方法及注意事项 /46
5.2 内六角扳手、活扳手、花形扳手 /47
　5.2.1 内六角扳手的规格、使用方法及注意事项 /47
　5.2.2 活扳手的规格、使用方法及注意事项 /49
　5.2.3 花形扳手的规格、使用方法及注意事项 /50
5.3 课后练习题 /51
5.4 实训练习 /52
　5.4.1 机器人吸盘夹具的拆装 /52
　5.4.2 实训任务表 /56

第6章 常用电气装配工具 /58

6.1 十字槽、一字槽螺钉旋具及验电笔 /58
　6.1.1 十字槽螺钉旋具的功能、种类及使用方法 /58
　6.1.2 一字槽螺钉旋具的功能、种类及使用方法 /59
　6.1.3 验电笔的功能、种类及使用方法 /59
6.2 斜嘴钳、钢丝钳、尖嘴钳 /61
　6.2.1 斜嘴钳的功能、种类及使用方法 /61
　6.2.2 钢丝钳的功能、种类及使用方法 /61
　6.2.3 尖嘴钳的功能、种类及使用方法 /61
6.3 剥线钳、压线钳 /62
　6.3.1 剥线钳的功能、种类及使用方法 /62
　6.3.2 压线钳的功能、种类及使用方法 /63
　6.3.3 电缆的规格与选择 /63
　6.3.4 接线端子的规格与选择 /64
6.4 课后练习题 /65
6.5 实训练习 /65
　6.5.1 机器人平台电缆的连接 /65
　6.5.2 用数显式验电笔测量机器人平台电源电压 /68
　6.5.3 接线端子的压接 /69
　6.5.4 实训任务表 /70

第7章 机械装配常用标准件 /71

7.1 丝杠 /71
7.2 齿轮 /73
7.3 轴承 /75
7.4 螺钉 /78
　7.4.1 内六角圆柱头螺钉 /78
　7.4.2 内六角花形螺钉 /79
　7.4.3 六角头螺钉 /80
　7.4.4 自攻螺钉 /81
　7.4.5 木螺钉 /82
7.5 课后练习题 /84
7.6 实训练习 /84
　7.6.1 步进电动机模组的安装 /84
　7.6.2 实训任务表 /86

第8章 电气装配常用元器件 /87

8.1 低压断路器、熔断器 /87
　8.1.1 低压断路器 /87
　8.1.2 熔断器 /88
8.2 常见的接触器和低压继电器 /89
　8.2.1 交流接触器 /89
　8.2.2 中间继电器 /92
　8.2.3 继电器模组 /93
　8.2.4 时间继电器 /93
8.3 开关电源 /94
8.4 课后练习题 /95
8.5 实训练习 /95
　8.5.1 常见电气元器件的安装 /95
　8.5.2 开关电源的安装 /98
　8.5.3 实训任务表 /98

V

第9章 机械装配常用测量工具 /99

9.1 卡尺 /99
9.2 千分尺 /101
9.3 百分表 /103
9.4 千分表 /104
9.5 万能角度尺、水平仪 /104
9.6 金属直尺、卷尺、直角尺 /106
9.7 课后练习题 /107
9.8 实训练习 /108
    9.8.1 PLC 实训平台 /108
    9.8.2 测量实训平台上机器人末端的吸盘加工件尺寸 /109
    9.8.3 实训任务表 /110

第10章 电气装配常用仪表 /112

10.1 多用表 /112
    10.1.1 多用表分类 /112
    10.1.2 指针多用表的使用方法 /113
    10.1.3 指针多用表使用的注意事项 /114
    10.1.4 数字多用表的使用方法 /116
    10.1.5 数字多用表使用的注意事项 /117
    10.1.6 多用表的使用经验 /118
10.2 钳形电流表 /119
    10.2.1 钳形电流表的使用方法 /119
    10.2.2 钳形电流表使用的注意事项 /120
10.3 绝缘电阻表 /120
    10.3.1 绝缘电阻表的使用方法 /121
    10.3.2 绝缘电阻表使用的注意事项 /121
10.4 课后练习题 /122
10.5 实训练习 /123
    10.5.1 绝缘电阻的测量 /123
    10.5.2 电容器、半导体元件的测量 /124
    10.5.3 实训任务表 /128

参考答案 /130

第1章 机械装配的基本认识

知识要点
1. 了解机械装配的基本概念
2. 认识和区分零件、套件、组件及部件
3. 了解机械装配的形式和方法

技能目标
1. 能够识读生产工艺流程卡
2. 能够识读装配图

1.1 什么是机械装配

机械装配是指在规定的技术条件下,将若干零件按一定的顺序组成部件,或将若干零件和部件组合在一起成为一台机械的生产工艺流程。

1.1.1 基本概念

1. 零件、套件、组件及部件

零件是组成机器和参与装配的最小单元,一般由整块金属或非金属材料制成。

套件由一个基准零件,加上一个或若干个零件构成,是最小的装配单元。

组件由一个基准零件,加上一个或若干个套件及零件构成,能够直接参与产品的总装或成为其他组件的一部分,但没有完整的功能。

部件由一个基准零件,加上若干个组件、套件及零件构成。部件在机器中能完成一定的、完整的功能,如图1-1所示。

2. 装配单元

装配单元是指能独立装配的部分,三轴模组装配单元就是一种典型的装配单元,如图1-2所示。该三轴模组按照一定的装配顺序和方法,在一个特定的空间范围

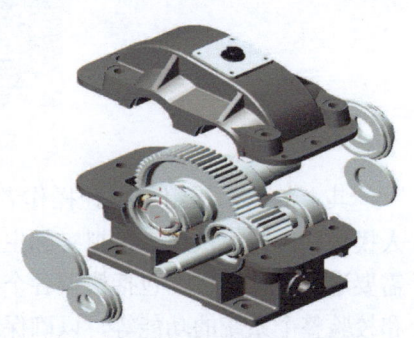

图1-1 部件

内进行组合、加工和调试。三轴模组轴的运动可以用自由度来解释，它具有三个自由度，可以沿 X、Y、Z 轴自由地运动，但是不能倾斜或者转动。三轴模组以桁架式轴为主体，通过 PLC 和伺服电动机来控制，配备自动运行的运动模块，可根据编程指令自动完成运行轨迹；以及可修改的引导定位模块，可根据实际生产需求设置定位点。三轴模组装配单元通常由一名或多名技术工人负责完成，它可以是总装配车间中的一个小型独立区域，也可以是产品生产线上的一个工作站或岗位。通过使用三轴模组装配单元，可以提高装配效率、降低生产成本，并且更容易实现工艺管理和质量控制。

图 1-2　三轴模组装配单元

3. 总装

总装是指将平台多个零部件和模块按照特定的顺序和方式组装成一个整体，我们的机器人教学模块是由三轴模组、机器人模块和压铸模块等组成的整体系统，形成了一个完整的、可运行的设备产品，如图 1-3 所示。

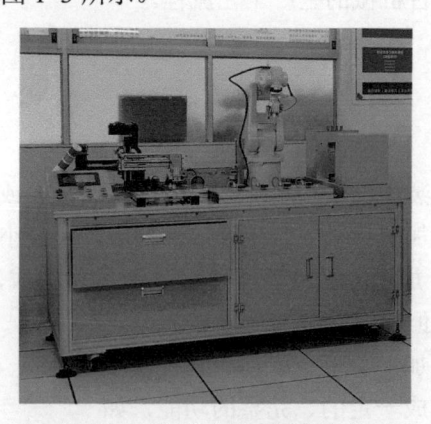

图 1-3　机器人综合实训平台

其上的三轴模组可以让操作者学习 PLC 与步进电动机配合调试搬运物体的过程，机器人模块和压铸模块用来模拟实际生产线的生产过程，从而完成生产模拟调试。在总装过程中，需要进行多项工作，包括协调各个子系统之间的接口、安装传动装置、连接电气线路、检查和校验整个系统的功能等，以确保最终的产品能够满足预期的性能和质量要求。总装通常是机械装配中的最后一个阶段，也是最核心的环节之一。

1.1.2 机械装配的组织形式

机械装配的组织形式包括以下几种:

1. 流水线装配

流水线装配是指产品按照固定的流程和顺序在不同的工位进行装配,每个工位负责特定的任务,以达到高效率、低成本生产。在汽车生产中大量采用这种装配形式,如图 1-4 所示。

图 1-4 汽车流水线装配

2. 立体式装配

立体式装配产品在立体空间内进行装配,利用立体传输设备将零部件送入合适的位置进行组装。这种装配方式可以节省生产场地。

3. 模块化装配

模块化装配是指整个产品被分解为若干个模块,每个模块独立完成制造和装配后再进行总装。这种装配方式有利于产品的快速更新和定制化生产。

4. 智能化装配

智能化装配是指利用智能化技术,如机器视觉、机器人等,实现自动化装配生产。这种装配方式可提高生产率和品质。

1.1.3 装配方法

各种机械,由于设计时的要求不同,生产的批量不同,因此,它们的装配方法就不可能一样。机械装配方法大致可以分为五种:完全互换装配法、部分互换装配法、选择装配法、修配法、调整装配法。

1. 完全互换装配法

完全互换装配法是指机器中的每一个零件,都可以在该零件的一批制品中任意取出而不经过修整即能装配成符合预先规定的技术要求的产品。采用这种办法,装配简单、生产率高、便于组织流水作业,且维修时便于更换零件。但这种方法对于零件的加工精度要求较高,不够经济。因此它适用于配合精度要求不高或大批量产品的生产。例如,货车转向架的生产量很大,且加工零件的要求不是很高,轴箱、侧架、摇枕、楔块间的配合是可以做到完全互换的。

2. 部分互换装配法

这种装配方法实质就是降低对零件的严格要求，放宽公差带。这样就使零件加工容易，成本降低。这种方法对零件并不加以挑选和修配，只是在装配完成后，检查机械的装配要求，把不合格的产品挑出来，采取措施加以修复，或降为次品，或报废。

部分互换装配法对零件的加工精度要求适当降低，极大地简化了加工方法，缩短了加工时间，从而降低了零件的加工成本，其装配过程比较简单。

3. 选择装配法

选择装配法的特点是根据机器的精度要求选择合适的零件加以装配。用这种方法装配出来的机器精度可以很高，而零件的公差带却可以放宽到经济可行的程度。

选择装配法是最经济的装配法，它适用于装配精度要求高且组成件较少的成批生产场合。它又可分为直接选配和分组选配两种方法。直接选配法是在组装时凭借装配工作经验一个一个地选择，直到挑选满意时为止；而分组选配法是在加工完一批零件之后，就检查每个零件的形状和尺寸，把它们分成若干组，将每一组零件打上特殊的记号，或贮存于专门的保管箱中，因此组装时不必特别加以挑选，可以在每一组中做到完全互换。

4. 修配法

修配法是指在装配时，根据装配的实际需要，在某一零件上去除少量预留修配量，以使整体装配精度达到预定要求的方法。修配法的特点是：零件的制造公差要求可适当放宽，无须采用高精度的加工设备，仍能得到很高的装配精度；但这种方法会使装配工作复杂化，仅适用于单件生产和小批量生产场合。

5. 调整装配法

调整装配法是指在装配时，根据装配的实际需要，改变产品中可调节零件的相对位置或选用合适的调整件以使整体装配精度达到预定要求的方法。

调整装配法的特点是：零件不需要任何修配即能达到很高的装配精度；可进行定期调整，故容易恢复精度，这对容易磨损或因温度变化而需要改变尺寸位置的结构是很有利的；但调整件容易降低配合的连接刚度和位置精度。

1.1.4 机械装配的一般工艺流程

工艺流程是指将生产过程分解成一系列相互关联的工序，规定每个工序的具体内容、顺序和要求，以及各工序之间的协调和配合关系，从而实现产品的制造和加工。机械装配的一般工艺流程如下：

1. 进行准备工作

1）研究和熟悉产品装配图及有关的技术资料，了解产品的机构、各零件的作用、相互作用关系及联接方法。

2）确定装配方法。

3）划分装配单元，确定装配顺序。

4）准备装配时所需的工具、量具、辅具等。

5）制定装配工艺卡。某机械装配厂使用的装配工艺卡见表1-1。

表1-1 某机械装配厂使用的装配工艺卡

×××机械公司装配工艺卡				产品型号		部件图号	
^	^	^	^	产品名称		部件名称	
工序号		工序名称		装备所需零（部）件			
^	^	^	^	序号	零（部）件图号	零（部）件名称	数量
^	^	^	^	1		吸盘	1
^	^	^	^	2		吸盘套筒杆	1
^	^	^	^	3		弹簧	1
^	^	^	^	4		连接固定板	1
^	^	^	^	5		固定套筒螺杆	1
^	^	^	^	6		固定螺母	1
^	^	^	^	7		气管接头螺钉	1
^	^	^	^	8			
^	^	^	^	9			
序号	作业内容			工艺装备		辅助材料	工时/min
一	作业准备：						
1	根据本工序要求，对本工序的零部件进行清洁及检查						
2	确定全部工件与零部件无误后，才开始装配						
二	装配作业：						
1							
2							
三	技术要求：						
1							
2							
3							
更改				编制		审核	第1页/共7页
^				校准		批准	^
^	标记	处数	依据	签名及日期	标记 处数 依据		

6）采取必要的安全措施。

2. 装配

装配时按照工艺流程认真、细致地进行。装配的一般步骤为：先将零件装成组件，再将组件、零件装成部件，最后将零件、组件和部件总装成机器。装配时应从里到外、从下到上，以不影响下道工序为原则进行。

每装完一个部件，都应严格且仔细地检查和清理，防止有漏装或者错装的零件，严防将工具、多余的零件及杂物留存在箱体内。

3. 检验和调整

装配完成后，需要对设备进行检验和调整。检查零部件的装配工艺是否正确，装配是否符合设计图样的要求。凡检查不符合规定的部位都需要进行调整，以保证设备达到规定的技术要求和使用性能。

1.2 机械装配所需技能

1.2.1 识读装配图

用于表示部件或机械设备中各组成部分的连接、装配关系的图样称为装配图。装配图一般包含零部件的三视图、尺寸、技术说明、标题栏和明细栏。技术人员需要根据装配图的要求，由小到大，先完成组件或部件的装配，再将装好的零部件组合成更大的部件或者设备。因此识读装配图是技术人员的必备技能，在机械设计、装配、安装、调试以及技术交流时，都需要识读装配图。

通过识读装配图，可以了解和清楚以下信息
1）部件的功能、性能和工作原理。
2）各零件的机械结构。
3）各零件的作用和它们间的相对位置、装配关系、连接固定方式。
4）部件的尺寸和技术要求。

1.2.2 常用工具的识别和使用

在开始装配作业前，需要先准备好工具，才不会在装配过程中因为寻找工具而手忙脚乱。下面就对机械装配中常用的工具按照不同类别一一介绍。

1. 扳手类

扳手是一种用于拧紧或拧松螺钉、螺母等螺纹类紧固件的工具，主要有呆扳手、活扳手、套筒扳手、内六角扳手和扭力扳手等。

2. 量具类

量具类工具主要用于检测装配质量是否符合图样技术要求，包含金属直尺、卡钳、游标卡尺、千分尺等。

3. 辅助类

除上述扳手类、量具类工具外，装配中还需要用到一些辅助类工具，例如螺钉旋具、钳子、锤子等。

这些常用工具的使用本书后面章节会详细介绍。

1.2.3 常用的装配方法

1. 螺纹联接装配

螺纹联接在机械设备中极为常见，其操作简便、效果可靠，不仅可以随时进行拆装，还能满足牢固联接和密封的双重要求。

典型的螺纹联接通过螺栓和螺母的配合实现。拧紧螺母时，螺纹的相互作用将螺栓牢牢锁紧，从而有效紧固两个零件。如图 1-5 所示，在螺栓联接和螺柱联接中，螺母与被联接零件间加了垫圈，目的是增加受压表面的支撑面积，同时减小拧紧时的摩擦阻力。有时为了防止振动导致螺纹之间的摩擦阻力减小，或者锁紧的螺母自动退回，常采用止推垫圈、弹簧垫圈等防松措施。

在装配螺纹联接件时，螺栓头、螺母与联接件之间必须确保紧密接触。为检查接触的紧密性，可采用锤子轻击并听声的方法，若声音沉闷，则表明联接不紧固。敲击时应注意不损伤螺纹。

在螺纹联接过程中，为保障联接的顺畅和防止生锈，应在螺纹部分均匀涂抹润滑油，对于不锈钢螺纹的联接部分，应加涂润滑剂。

进行螺纹联接时，螺母必须全部拧入螺栓，螺母外面宜留有 1.5～5 个螺距。

在拧紧螺栓时，要根据螺栓头的大小和形状（常采用的螺栓头形状有外六角、内六角、四角和半圆头等），选用合适的工具，不得选用过大或形状不符的扳手，以防将螺纹破坏，将螺栓头折断或将螺栓的棱角滚圆。

对于双头螺栓的安装，安装时要求双头螺栓在螺孔中心必须牢固，因为拆卸时要求只能松下螺母，而不能拔出双头螺栓。通常，双头螺栓的直径略大于螺孔的直径，形成过盈配合。另外，双头螺栓末端几圈螺纹加工较浅。

装配机械设备时，常常需要安装成组的螺栓，例如盖子的紧固、部件的安装等。成组的螺栓紧固顺序必须遵循一定的规则，防止受力不均。例如，圆形件上的螺栓组在紧固时不能按圆周逐个拧紧；方形件上螺栓组的紧固应按对角交叉拧紧，不能紧完一边再紧另一边。对螺栓组进行紧固，切不可一下子完全拧紧，因为这样会使先拧紧的螺栓产生过载现象，或者使零件弯曲变形。因而，在拧紧螺栓组时，除了考虑拧紧顺序，还必须分几次来拧紧。

图 1-5 所示为不同的螺纹联接类型。

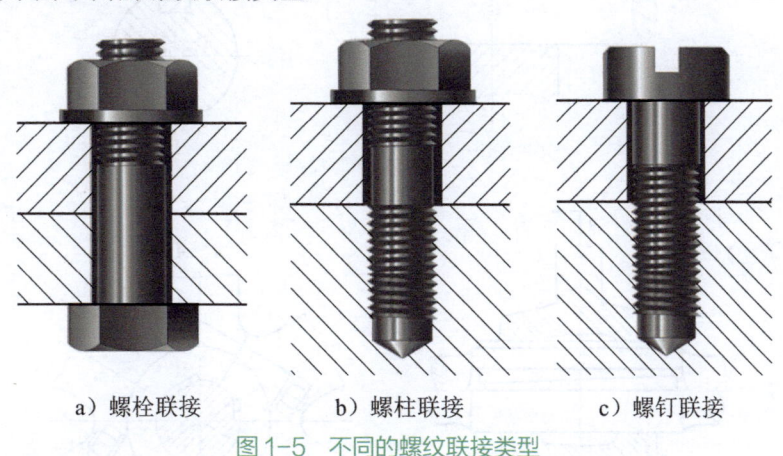

a）螺栓联接　　b）螺柱联接　　c）螺钉联接

图 1-5　不同的螺纹联接类型

2. 键联结装配

键联结主要是联结轴和轴上的零件，使其周围固定以传递转矩的工序。按照构造和用途，常用的键联结有平键联结（图 1-6）、半圆键联结（图 1-7）、钩头楔键联结（图 1-8）、切向键联结（图1-9）和花键联结（图1-10）。

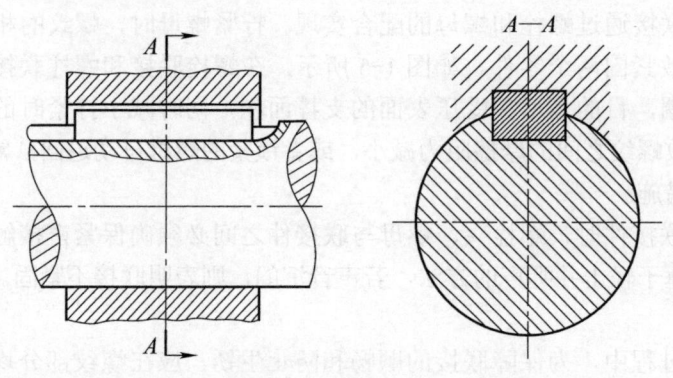

图1-6　平键联结

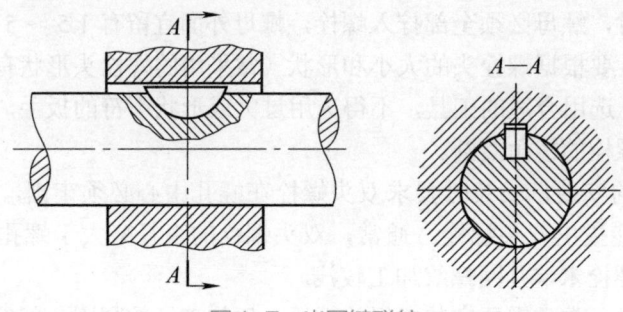

图1-7　半圆键联结

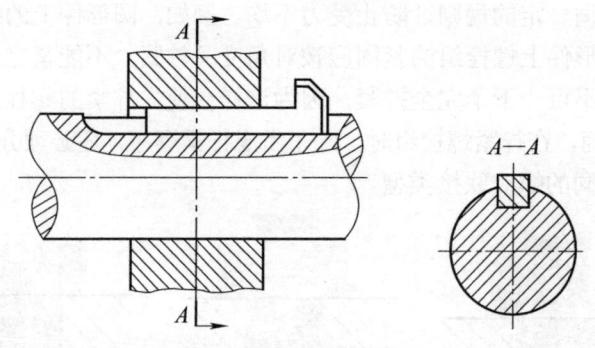

图1-8　钩头楔键联结

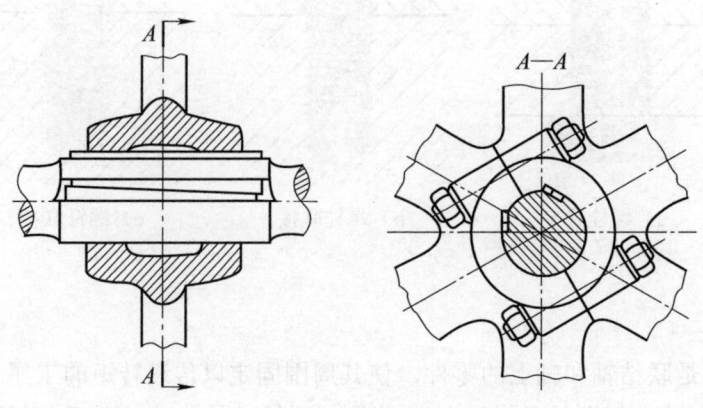

图1-9　切向键联结

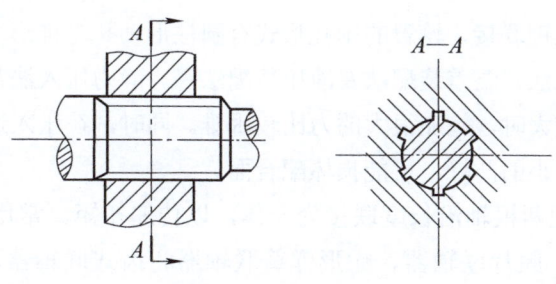

图 1-10 花键联结

在进行键联结件的装配前，需要清洗键与键槽，去除配合表面的毛刺及凸痕，并测量键及键槽的装配尺寸，然后选择正确的装配方法。

1）平键与半圆键联结是靠键的侧面传递转矩的。装配时，键的侧面与轴上键槽的两侧面应有一定过盈，键的顶面与轮毂键槽底面之间应有一定间隙，键的底面与轴上键槽底面必须接触。装配前，先将键装入轴和轮毂的键槽，并检查间隙是否合适，然后按图样装配零件，确保轴、键、轮毂间无松动。半圆键联结有时需要研磨以达到装配要求。

2）钩头楔键的上、下两面是工作面，通过楔紧作用传递转矩及单向轴向力。装配后，楔键上、下两面应紧密贴合轴与轮毂，楔键两侧面应有一定间隙。装配前，应先检查配合部位的相关尺寸、斜度及表面粗糙度。必要时应修整键的斜度，确保与轮毂紧密贴合，然后从一端将键打入键槽。

3）切向键单向传递扭矩时由两个楔键组成，双向传递扭矩时由两组呈120°角或135°角布置的楔键组成。切向键的上、下两面为工作面，打入轮毂时需要确保方向正确，键、键槽、轮毂槽的工作面之间和两楔键的斜面之间均应紧密接触，键与键槽两侧面之间应有间隙。

4）花键联结类似多键联结，因键数多，键槽深度可减小。花键能传递较大的转矩。花键联结通常为滑配合，装配前应先检查键配合部位的表面加工精度，确认后将花键轴从一端插入轮毂的内花键槽，反复滑动及摆动，以检查键齿与键槽的配合情况。

3. 带传动装配

带传动装配要注意以下几点：
1）带轮的歪斜和跳动要符合要求。
2）两轮中间平面应重合。
3）传动带的张紧力大小要适当。

常见的带传动装置如图 1-11 所示。

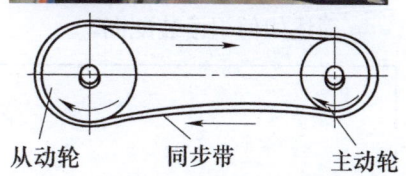

图 1-11 常见的带传动装置

4. 联轴器联接装配

联轴器联接装配要掌握轮毂在轴上的装配、联轴器所联接两轴的对中、零部件的检查及按图样要求装配联轴器等环节。

轮毂在轴上的装配是联轴器装配的关键之一。轮毂与轴的配合大多为过盈配合，联接方式分为有键联接和无键联接，轮毂的轴孔形式有圆柱形轴孔与锥形轴孔两种。装配方法有静力压入法、动力压入法、温差装配法及液压装配法等。静力压入法常用于锥形轴孔，但受压力机限制，在过盈较大时，施加很大的力比较困难。同时，在压入过程中会切去轮毂与轴之间配合面上不平的微小的凸峰，可能损坏配合面。

联轴器主要用于把两根轴沿长度联接为一体，以传递扭矩。常用的联轴器有凸缘联轴器、十字滑块联轴器、膜片联轴器、蛇形弹簧联轴器和齿式联轴器，图 1-12 所示为膜片联轴器。

图 1-12 膜片联轴器

1.3 课后练习题

一、选择题

1．参与机械装配的单元不包括（   ）。
   A．零件   B．工件   C．组件   D．部件
2．根据机械的精度要求选择合适的零件，这种装配方法称为（   ）。
   A．部分互换法   B．选择装配法   C．修配法   D．调整装配法

二、判断题

1．在总装过程中，需要进行多项工作，包括协调各个子系统之间的接口、安装传动装置、连接电气线路、检查和校验整个系统的功能等。（   ）
2．在装配过程中，不需要制定工艺卡就可以开始装配作业。（   ）

三、简答题

简述如何识读装配图。

1.4 实训练习

1.4.1 实训平台三轴模组装配

1. 螺纹联接装配

1)螺栓的定义。螺栓是由头部和螺杆(带有外螺纹的圆柱体)两部分组成的一类紧固件,如图 1-13 所示。

2)螺栓的分类。

① 按头部形状分:六角头螺栓、圆头螺栓、方形头螺栓、沉头螺栓等。

② 按螺纹长度分:全螺纹螺栓和半螺纹螺栓。

③ 按螺纹牙型分:三角形螺栓、梯形螺栓、管螺栓、锯齿形螺栓等,如图 1-14 所示。

图 1-13 螺栓

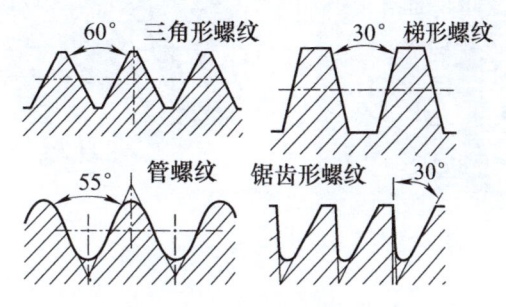

图 1-14 螺纹牙型

④ 按螺纹旋向分:右旋螺栓和左旋螺栓。右旋和左旋两种螺栓的拧紧和放松实训过程,如图 1-15 和图 1-16 所示。

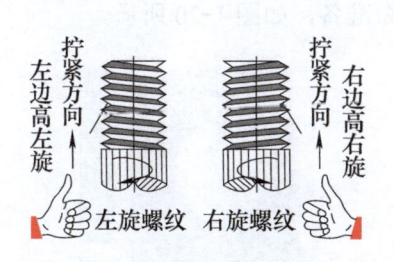

图 1-15 螺纹拧紧方向

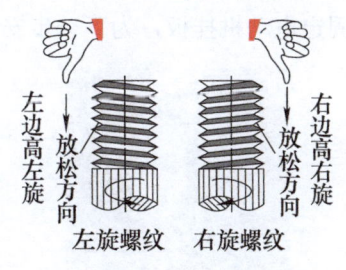

图 1-16 螺纹放松方向

3)螺栓紧固方法。

① 扭矩紧固法。其原理是扭矩大小和轴向预紧力之间存在一定关系。该紧固方式操作简单、直观,目前被广泛采用。

② 角紧固法。其原理是旋转角度与螺栓伸长量和被拧紧件松动量的总和大致成比例关系,因而可按规定旋转角度来达到预定拧紧力。

③ 屈服点紧固法。理论目标是将螺栓拧紧到刚过屈服极限。

4)螺栓联接类型,根据螺杆与通孔的配合程度可分为普通螺栓联接和铰制孔螺栓联接两种。

① 普通螺栓联接。装配后孔与杆之间有间隙,结构简单,装拆方便,可多次装拆,应

用较广。

② 铰制孔螺栓联接。装配后孔与杆之间无间隙，主要承受横向载荷，也可做定位用，我们实训平台的三轴模组属于这种。

2. 键联结装配

1）机器人平台上三轴模组的电动机联轴器里有键槽，键槽是在轴上或孔内加工出的一条与键相配的槽，用来安装键，以传递扭矩，如图1-17所示。

2）将平键放入键槽，对准步进电动机和联轴器键槽口，向电动机方向推入联轴器，使两者联结，如图1-18所示。

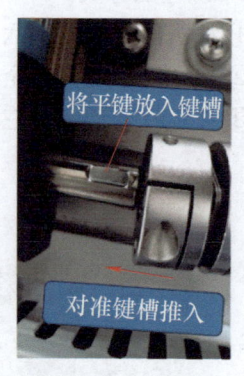

图1-17　键槽

图1-18　键的安装

3. 带传动装配

1）装配三轴模组中Z轴的同步轮时，将Z轴从动同步轮固定到连杆位置，将主动同步轮固定到步进电动机位置，如图1-19所示。

2）固定电动机挂板，为下一步安装步进电动机做准备，如图1-20所示。

图1-19　同步轮的安装

图1-20　电动机挂板的安装

3）安装步进电动机，将步进电动机上、下4个螺钉与步进电动机挂板用螺钉拧紧固定，如图1-21和图1-22所示。

4）调整步进电动机位置，安装好同步带，如图1-23所示。

5）安装好同步带后，将电动机挂板上的调节螺钉安装好，调节螺钉可以使步进电动机挂板上下移动，从而调节同步带的张紧度，如图1-24所示。

第1章 机械装配的基本认识

图 1-21 安装步进电动机上面的螺钉

图 1-22 安装步进电动机下面的螺钉

图 1-23 安装同步带

图 1-24 调节同步带的张紧度

6）安装步进电动机同步带保护盖，将保护盖对准螺钉孔，用螺钉将保护盖安装固定好（操作方法如图 1-25 和图 1-26 所示），安装完成。

图 1-25 安装同步带保护盖

图 1-26 固定同步带保护盖螺钉

4. 联轴器联接装配

1）联轴器是与电动机进行联接，它是左右相连且不相通的一个结构件，用于联接左、右连杆，如图 1-27 所示。

2）先将中间连杆左右两端各插入一个联轴器，如图 1-28 所示。

3）左右两边对准步进电动机和联轴器键槽口，向左、右步进电动机

图 1-27 联轴器

13

方向推动联轴器，使联轴器处于连杆与步进电动机联接杆的中心位置，如图1-29所示。

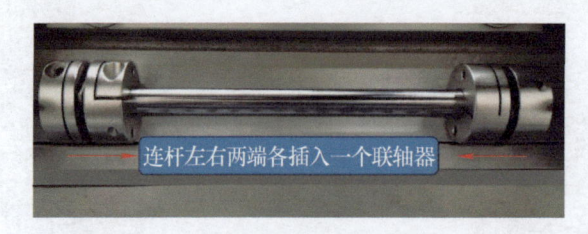

图1-28　将联轴器插入连杆中

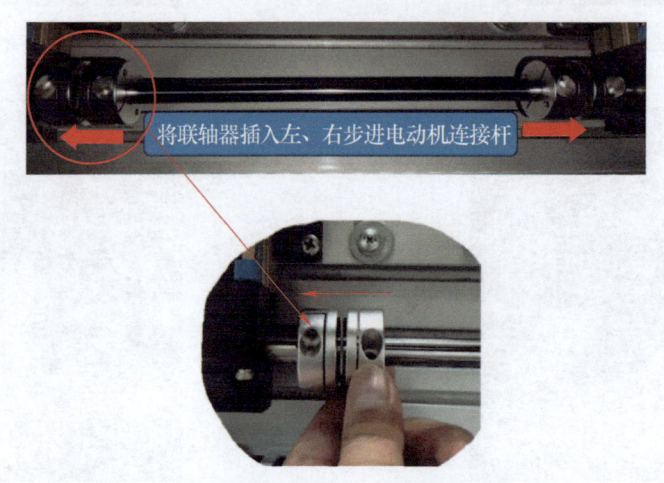

图1-29　将联轴器插入步进电动机连杆中

4）用螺钉将联轴器拧紧，将连杆与步进电动机固定在联轴器中，如图1-30所示，完成联轴器安装。

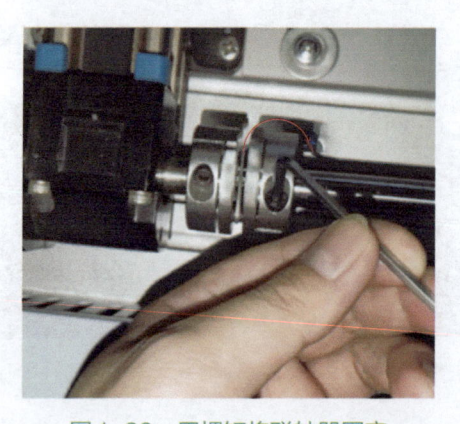

图1-30　用螺钉将联轴器固定

1.4.2　实训任务表

为了更好地掌握相关的技能，每个实训任务都要练习，为了不错过任何一个实训任务，请对照任务清单进行实训，见表1-2。

表1-2 实训任务清单

序号	实训内容	实际操作	操作确认
1	螺纹联接装配	将右旋和左旋两种螺栓拧紧和放松	
2	螺栓紧固方法	操作普通螺栓联接和铰制孔螺栓联接	
3	键联结装配	将平键放入键槽，对准步进电动机和联轴器键槽口，向电动机方向推动联轴器，使两者联结	
4	装配同步轮	装配三轴模组中Z轴的从动同步轮和主动同步轮	
5	安装同步带	调整步进电动机位置，安装并调紧同步带	
6	联轴器联接装配	用螺钉将联轴器与连杆和步进电动机联接	

注：确认无误后请在"操作确认"一栏打√。

第 2 章 电气装配的基础知识

知识要点
1. 电流、电压的概念
2. 电功率、电阻的概念
3. 电能的概念

技能目标
1. 了解电路中电流、电压、电功率等常见物理量，并会进行计算
2. 掌握电阻的特性与作用，会对导体的电阻进行计算
3. 掌握用电设备电能的计算

2.1 电流

1. 什么是电流

电流是电荷在电场力的作用下定向移动形成的。电流的大小与方向不随时间发生变化的，称为直流电流，用大写字母"I"表示；电流的大小与方向随时间发生周期性变化的，称为交流电流，用小写字母"i"表示。

2. 电流的单位

电流既有大小又有方向。电流的国际单位是安培（A），简称安，有时也会用千安（kA）、毫安（mA）、微安（μA）等单位，它们的换算关系为

$$1kA=10^3 A$$
$$1mA=10^{-3} A$$
$$1\mu A=10^{-6} A$$

电流强度表示电流的大小，即单位时间内通过导体横截面积的电荷量，其表达式为

$$I=\frac{q}{t}$$

3. 电流的方向

规定正电荷移动的方向为电流的方向。

2.2 电压

1. 什么是电压

电路中两点之间的电位差称为电压。电压的大小和方向不随时间发生变化的，称为直流电压，用大写字母"U"表示；电压的大小和方向随时间发生周期性变化的，称为交流电压，用小写字母"u"表示。假设，电路中在电场力的作用下把正电荷（q）从 A 点移动到 B 点所做的功是 W_{AB}，则 A、B 两点之间的电压就等于电场力把正电荷从 A 点移动到 B 点所做的功，用 U_{AB} 表示，其表达式为

$$U_{AB} = \frac{W_{AB}}{q}$$

2. 电压的单位

电压的单位用伏特（V）表示，简称伏，另外还有千伏（kV）、毫伏（mV）、微伏（μV）等，它们的换算关系为

$$1\text{kV} = 10^3 \text{V}$$
$$1\text{mV} = 10^{-3} \text{V}$$
$$1\mu\text{V} = 10^{-6} \text{V}$$

2.3 电功率

1. 什么是电功率

电功率是单位时间内电场力所做的功，用 P 表示。在直流电路中，电功率与电压和电流的关系为

$$P = UI$$

2. 电功率的单位

电功率的单位用瓦特（W）表示，简称瓦，另外还有千瓦（kW）、毫瓦（mW）、微瓦（μW）等，它们的换算关系为

$$1\text{kW} = 10^3 \text{W}$$
$$1\text{mW} = 10^{-3} \text{W}$$
$$1\mu\text{W} = 10^{-6} \text{W}$$

当电功率 $P=UI$ 时，$P>0$，说明元件消耗功率；电功率 $P=-UI$ 时，$P<0$，说明元件产生功率。

3. 电压的方向

电压的方向是从高电位点指向低电位点，又称为电压降。

2.4 电阻

1. 什么是电阻

电流在导体中流动时，会受到一定的阻力，这种阻力称为电阻，用 R 表示。图 2-1 所示为常见的电阻实体，图 2-2 所示为电阻的图形符号。

图 2-1　常见的电阻实体　　　　图 2-2　电阻的图形符号

2. 电阻的单位

电阻的单位用欧姆（Ω）表示，简称欧，常用的单位还有千欧（kΩ）、兆欧（MΩ），它们的换算关系为

$$1\text{M}\Omega = 10^6 \Omega$$
$$1\text{k}\Omega = 10^3 \Omega$$

电阻是描述导体导电性能的物理量，由导体两端的电压 U 与通过导体的电流 I 的比值来定义，即

$$R = \frac{U}{I}$$

式中，U 表示电压，单位为伏（V）；I 表示电流，单位为安（A）。

由上述可知，当导体两端的电压一定时，电阻越大，通过导体的电流就越小；反之，电阻越小，通过导体的电流就越大。但不同的金属导电性能是不一样的，当金属导体一定时，金属导体的电阻与导体的长度成正比，与导体的横截面积成反比，其表达式为

$$R = \rho \frac{L}{S}$$

式中，L 表示导体的长度，单位为米（m）；S 表示导体的横截面积，单位为平方毫米（mm^2）；ρ 表示导体的电阻率，单位为欧姆米（Ω·m）。

不同的导体材质电阻率不同，表 2-1 是常见导体材料在 20℃时的电阻率。

表 2-1 常见导体材料在 20℃时的电阻率

物质	电阻率 /Ω·m
银	$1.6×10^{-8}$
铜	$1.7×10^{-8}$
金	$2.4×10^{-8}$
钨	$5.5×10^{-8}$
W-Cu20 钨铜（含铜 20%）	$(4.9\sim5.4)×10^{-8}$
W-Cu25 钨铜（含铜 25%）	$(5.0\sim6.0)×10^{-8}$
W-Cu30 钨铜（含铜 30%）	$(4.5\sim5.5)×10^{-8}$
W-Cu40 钨铜（含铜 40%）	$(3.5\sim4.5)×10^{-8}$
W-Cu50 钨铜（含铜 50%）	$(3.3\sim3.5)×10^{-8}$

2.5 电能

1. 什么是电能

电流在单位时间 t 内所做的功，称为电能，用 W 表示；在一段电路中，电流对导体所做的功与导体两端的电压 U 和通过导体的电流 I 以及通电时间 t 成正比，其表达式为

$$W = Pt = UIt$$

式中，W 表示电能，单位为焦耳（J）；P 表示负载或电源的功率，单位为瓦（W）；t 表示电流流过负载的时间，单位为秒（s）。

2. 电能的单位

电能的国际单位是焦耳（J）；在工程上，常用的电能单位为千瓦时（kW·h），俗称度，它们的换算关系为

$$1 \text{ 度} = 1\text{kW·h} = 3.6×10^6 \text{J}$$

例：某电视机的功率是 65W，平均每天开机 3h，设每度电需要交 0.54 元电费，那么该用户一个月（按 30 天）要交多少电费？

解：

已知 P=65W=0.065kW，时间 t=3h。

由电能公式可得

$$W = Pt = 0.065×3×30 \text{kW·h} = 5.85 \text{kW·h}$$

则所交的电费为：5.85×0.54 元≈3.2 元。

2.6 课后练习题

一、选择题

1. 直流电流的大小和方向应（　　）时间发生变化。
   A. 随　　　　　　B. 不随　　　　　　C. 以上都对
2. 当导体两端的电压一定时，电阻（　　），通过导体的电流就（　　）。
   A. 越大，越小　　B. 越大，越大　　C. 越小，越小

二、判断题

1. 电流在导体中流动时，受到一定的阻力，这种阻力称为电阻。（　　）
2. 电路中两点之间的电位差称为电功率。（　　）

三、简答题

请简述什么是电功率。在直流电路中，电功率与电压和电流的关系是什么？

2.7 实训练习

2.7.1 实训平台上电

主电路的上电

1）连接电源线。首先，将电源线接头拧到机器人平台上，如图2-3所示；再将电源线插头插到插排上，如图2-4所示；然后把电源插排开关打开，确保电源接入机器人工作站。

图2-3　将电源线端拧到实训平台上

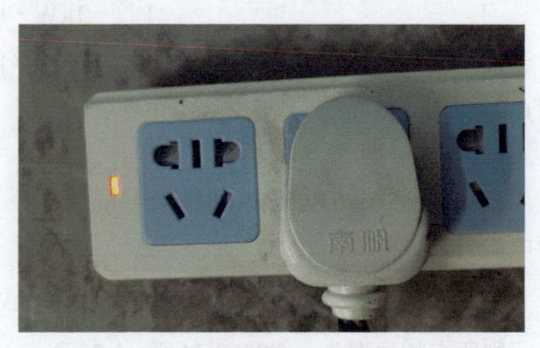

图2-4　将电源线插头插到插排上

2）电控柜主电路上电（图 2-5）。依次将主电路相线熔断器、直流电路熔断器、主电路电源断路器合上，此时主电路接触器前端已接通电源。

3）启动机器人平台。首先，将开机按钮的盖子打开，按一下开机按钮（图 2-6），此时电控柜里的交流接触器吸合，主电路中交流线路已全部通电。然后，接通直流电源，将直流电源开关向右拧（图 2-7），此时电控柜里控制直流电源的中间继电器吸合，平台直流电源接通，平台上触摸屏和步进驱动器等直流器件上电完成，机器人平台启动完成。

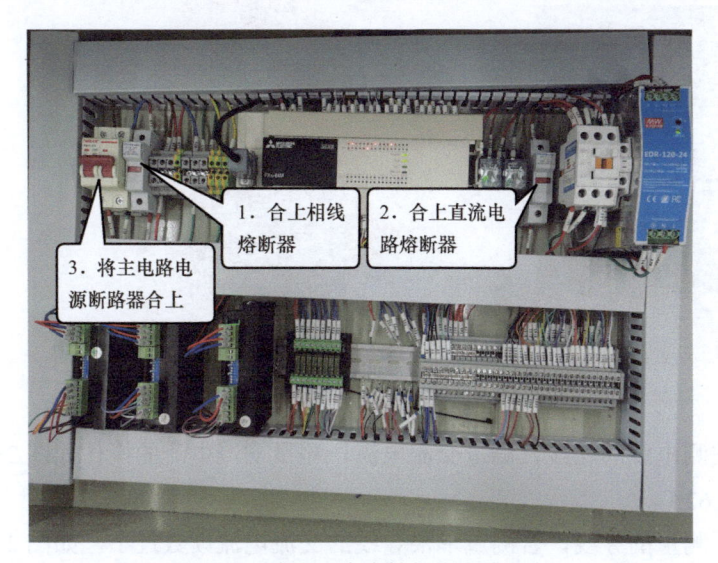

图 2-5 实训平台电控柜主电路上电

图 2-6 开机按钮

图 2-7 直流电源开关

2.7.2 实训平台主控电路交流电压的测量

启动机器人平台后，将数字多用表挡位调到交流电压"750V"，红笔接到"VΩ"，黑笔接到"COM"，如图 2-8 所示。然后，将多用表表笔并联连接到被测电路上，多用表并联测量断路器电压，如图 2-9 所示。

图 2-8 交流电压"750V"挡位

图 2-9 多用表并联测量断路器电压

2.7.3　实训平台主电路交流电流的测量

1）启动机器人平台后，把机器人开机开关调到"ON"位置，打开机器人，如图2-10所示。确保总电路中有交流电通过后，将钳形电流表调到测量交流电流的低电流挡"6/60A"，如图2-11所示。

图 2-10　开机开关调到"ON"位置 　　图 2-11　交流电流的低电流挡"6/60A"

2）用钳形电流表钳住被测电源的相线，测量交流电流，测量交流电流的操作如图2-12所示，测出的交流电流为1.262A。

3）用钳形电流表钳住要测量的导线，若测量单根导线的交流电流读数过小，如图2-13所示，可将要测的交流电源线绕几圈后再用钳形电流表钳住，测出的电流读数除以圈数就是单根导线的实际电流，测量绕线电流的操作如图2-14所示。

图 2-12　测量交流电流的操作 　　图 2-13　测量单根导线操作 　　图 2-14　测量绕线电流的操作

2.7.4　实训平台电功率的计算

启动机器人平台后，将机器人开机开关调到"ON"位置，测出总线路的交流电压，如图2-15所示。再测出总线路的交流电流，如图2-16所示。根据电功率计算公式：P（电功

率）=U（电压）I（电流），可得 P =232V×1.262A=292.784W，因为电压有波动，所以平台电功率是约为292.784W。

图 2-15 测出交流电压　　　　　　图 2-16 测出交流电流

2.7.5 实训平台主控电路直流电压的测量

启动机器人平台后，将数字多用表挡位调到直流电压"200V"，红笔接到 VΩ，黑笔接到 COM，如图 2-17 所示。然后，将多用表表笔并联连接到开关电源直流电压端，测出的直流电压如图 2-18 所示。

图 2-17 直流电压"200V"挡位　　　　　　图 2-18 测出的直流电压

2.7.6 实训平台主控电路直流电流的测量

启动机器人平台后，将数字多用表挡位调到直流电流"20A"，红笔接到"20A"插口，黑笔接到"COM"，如图 2-19 所示。先将电源断开，再将 24V 总电源保险断开，将红笔接到熔丝"24V"进线端，黑笔接到熔丝"24V"出线端，此时多用表就串联到直流电路中，然后将电源接通，如图 2-20 所示，测出的直流电流为 0.71A。

图 2-19　直流电流挡位　　　　图 2-20　测量直流电流的操作

2.7.7　实训平台辅控电路电阻的测量

1）关闭直流电源，即将直流电源开关向左旋转，如图 2-21 所示。断开总电源，打开关机按钮的盖子按下关机按钮，如图 2-22 所示。

图 2-21　关闭直流电源　　　　图 2-22　断开总电源

2）将数字多用表挡位调到电阻"2kΩ"，红笔接到"VΩ"，黑笔接到"COM"，如图 2-23 所示。将红表笔接到中间继电器线圈的一端，将黑表笔接到中间继电器线圈的另一端，如图 2-24 所示，即可测量出中间继电器线圈的电阻为 560Ω。测完后关闭数字多用表，如图 2-25 所示。

图 2-23　电阻"2kΩ"挡位　　图 2-24　测量中间继电器线圈电阻　　图 2-25　关闭数字多用表

2.7.8 实训任务表

为了更好地掌握相关的技能，每个实训任务都要练习，为了不错过任何一个实训任务，请对照任务清单进行实训，见表 2-2。

表 2-2 实训任务清单

序号	实训内容	实际操作	操作确认
1	实训平台主控电路的接线	将电源线、主回路电路接好并启动机器人平台	
2	实训平台主控电路交流电压的测量	用数字多用表测量实训平台主控电路的交流电压	
3	实训平台主控电路交流电流的测量	用数字多用表测量实训平台主控电路的交流电流	
4	实训平台主控电路电功率的测量	用数字多用表测量实训平台主控电路的电功率	
5	实训平台主控电路直流电压的测量	用数字多用表测量实训平台主控电路的直流电压	
6	实训平台主控电路直流电流的测量	用数字多用表测量实训平台主控电路的直流电流	
7	实训平台辅控电路电阻的测量	用数字多用表测量实训平台辅控电路的电阻	

注：确认无误后请在"操作确认"一栏打√。

第 3 章

机械装配操作的安全知识

知识要点

1. 认识机械组装时周围环境的安全标识
2. 了解机械装配时工具使用的注意事项
3. 了解机械装配完成后的注意事项

技能目标

1. 能认识机械组装时周围环境的安全标识
2. 掌握机械装配时工具使用的安全知识
3. 掌握机械装配完成后的注意事项

3.1 机械组装时周围环境的安全标识

3.1.1 了解机械安装环境

机械组装是电气自动化专业的一门专业必修课，它着力培养学生的机械装配能力、装配工装夹具应用能力和机械装配夹具维护能力等。在机械组装过程中，工装环境安全是保证生产安全的前提，对容易出现安全隐患的地方需要有安全标识提醒。

在组装机械设备时，经常会在易发生危险的部位看到安全标识（安全标志或文字提示），如图3-1和图3-2所示为机械行业常见的安全标志，在机械装配设备上看到警示安全标识提示时，操作人员应注意规范操作。

图 3-1 注意安全　　　图 3-2 禁止合闸

进行机械组装时，必须在必要位置摆放标识来提示在场操作人员注意观察周围环境安全，避免发生安全事故。

3.1.2　认识机械安装环境中的安全标识

机械行业常用的安全标志有警告标志、禁止标志和指令标志。安全标志中与机械生产安全有关的安全标志有：注意安全、当心机械伤人、当心夹手、当心吊物、禁止合闸、禁止操作等，在机械安装时应注意周围环境是否有安全标识。

警告标志的基本特征是：三角形图形，黄色衬底，黑色边框和图像。图 3-3 和图 3-4 所示为机械行业常见的警告标志。

图 3-3　当心机械伤人　　　　图 3-4　当心夹手

禁止标志的基本特征是：圆形、黑色图形，白色衬底，红色边框和斜杠。图 3-5～图 3-8 所示为机械行业常见的禁止标志。

图 3-5　有人工作、禁止操作　图 3-6　禁止碰撞　图 3-7　设备维修、禁止操作　图 3-8　禁止烟火

指令标志的基本特征是：圆形、蓝色衬底、白色图形。图 3-9 和图 3-10 所示为机械行业常见的指令标志。

图 3-9　必须戴安全帽　　　　图 3-10　必须戴护目镜

为了使操作人员对机械安装时周围环境存在的不安全因素引起注意，需要贴有醒目的安全标识，以提高操作人员对不安全因素的警惕。操作人员借助所熟悉的安全标识，能识别危险部位，尽快采取措施，提高自控能力，有助于防止事故的发生。红色表示禁止，凡是禁止、停止，即是高度危险的，不能操作。黄色表示注意、警告，即操作有一定危险。蓝色表

27

示必须遵守，如不遵守可能发生危险。但安全标识不能完全取代防范事故的其他措施，细心观察机械安装时的周围环境，提高自身安全意识很重要。

3.2 机械装配时工具使用的安全知识

3.2.1 常规机械安装工具使用的安全规定

操作人员安全使用和保管工具，是保护操作人员和机械设备的安全保证，安装工具的使用一般都有以下要求：

1）使用工具时，操作人员必须熟知工具的性能、特点，以及使用、保管、维修及保养的方法。

2）购买的各种装配工具必须是正规厂家生产的合格产品。

3）操作前必须对工具进行检查，严禁使用变形、松动、有故障、破损等不合格的工具。

4）电动或风动工具在使用中不得进行调整和修理。停止工作时，禁止把机件、工具放在机器或设备上，以防工具伤人或伤设备。

5）机械装配操作中使用带有牙口、刃口（如美工刀）的工具及转动部分应有防护装置。

6）使用特殊工具（如喷灯、冲头等）时，应有相应的安全措施。

7）使用小型工具时，应将其放在专用工具袋中妥善保管，避免丢失。

3.2.2 电动工具使用的安全规定

机械安装操作人员在使用电动工具时，为使电动工具能安全作业，一般对电动工具的使用有以下要求：

1）使用电动工具时必须安装漏电保护器。

2）使用电动工具时必须安装接地保护。

3）使用电动工具时应检查电源开关及电路，必须符合安全生产要求。

4）使用电动工具时，应有必要的、合格的绝缘用品，在潮湿地带或金属容器内使用电动工具，必须采取相应的绝缘措施，并有专人监护。电动工具的开关应设在监护人便于观察、便于操作的地方。

5）使用磁力电钻时（图3-11），通电后，磁力钻底部变化的电流产生磁场，使钻头吸附在钢结构上，然后磁力钻电动机高速运转，带动钻头对钢结构进行钻孔。因为是磁吸的，所以在高处使用时，如果磁吸电钻停电，很容易导致钻头松动或者掉落。在使用过程中应有防止因中途停电而造成电钻坠落的措施。

6）对于使用动能大的电动工具，如气动射钉枪（图3-12），是利用空包弹、燃气或压缩空气作为动力，将射钉打入建筑体的紧固工具。由于动能过大，使用时容易发生事故，因此要注意周围环境，防止伤人。

图 3-11　磁力电钻

图 3-12　气动射钉枪

7）使用电动扳手时，反力矩支点应牢靠，否则不许起动。

8）砂轮角磨机（图 3-13）在使用前应检查砂轮有无外伤、裂纹，然后进行空转试验，试验无问题方可使用，由于砂轮角磨机转数高且有一定重量，打磨时与物件接触点的要求比较严格，所以稳定性较差。使用砂轮角磨机时，操作者注意力要集中，需要戴防护镜。磨削时应避免撞击，应用砂轮正面磨削，禁止使用砂轮侧面。

图 3-13　砂轮角磨机

3.3　机械装配完成后的注意事项

3.3.1　机械装配完成后检查的注意事项

任何工作完成后都需要检查，尤其是机械装配完成后，这是保证机械设备能正常工作的重要步骤，安装完成后的检查有以下注意事项：

1）机械装配完成后需要核对装配图样，检查有无漏装的零件，核对各零件安装位置的准确性，核对是否按图样的要求进行规范安装。

2）机械装配完成后需要检查各连接部分的可靠性，各紧固螺钉是否达到装配要求的扭力，特殊的紧固件是否达到防止松脱的要求。检查活动部件运动的灵活性，如对输送带、齿轮和导轨等进行手动旋转检查或移动检查时，应检查是否有卡滞或别滞现象，是否有偏心或弯曲现象等。

3）机械装配完成后，应及时清理机器各部分的铁屑、杂物、灰尘等，确保各活动部分没有障碍物存在。

4）机械装配完成后试机时，认真做好起动过程的监视工作，机器起动后，应立即观察主要机械设备工作参数和运动件是否正常运动。

5）记录机械设备的工作参数，机械设备的主要工作参数包括：运动速度、运动的平稳性、各传动轴旋转情况、温度、振动和噪声等。

6）设备完成试机后，检查机械设备上联锁装置、控制装置和紧急停车开关的灵敏性、可靠性。

3.3.2　机械装配完成后机械设备维护和保养的注意事项

机械设备能否正常运行，很重要的一部分原因在于设备活动部件是否能正常运转，所以机械装配完成后，机械设备的维护和保养也是很重要的。很多人总是不注意对设备进行保养或者不知道怎么对设备进行保养，等到设备出现问题了才进行，不仅耽误工作，还总后悔之前没有做好维护和保养工作。

机械设备的维护和保养主要是通过擦拭、清扫、润滑、调整等方法进行的，通过维护和保养确保设备性能、运转状况完好。对于机械设备的维护和保养，操作人员在日常工作中需要注意以下内容：

1）机械装配完成后，操作人员以及维（检）修人员需要用主人翁的态度对待设备，采用科学的方法和严肃的态度做好设备维护，做到正确使用、精心维护。坚持维护与检修并重的原则。严格落实岗位责任制度，实施设备包机制，保证机械设备的完好。

2）严格遵守操作规程，正确使用设备，做好开机前的检查确认，并在起动中再次确认，在运行中做好调整，在停机后做好维护。做到认真执行操作规范，不允许设备超温、超压、超速、超负荷运行。

3）按要求填写设备使用日记、运行记录、故障记录，方便日后对设备进行维护和保养。

3.4　课后练习题

一、选择题

1. 在组装机械设备时易发生危险的部位，经常会看到设有安全标识（安全标志或文字提示），下面属于注意安全标志的是（　　）。

A.　　　　B.

C.　　　　D.

2．任何工作完成后都需要检查，尤其是机械设备完成安装后，这是保证机械设备能正常工作的重要步骤，安装完成后应首先检查（　　）。

　　A．各连接部分的可靠性　　　　　B．清理机器各部分的铁屑
　　C．检查机械设备上的联锁装置　　D．检查核对装配图样

二、判断题

1．机械装配完成后试机时，认真做好起动过程的监视工作，机器起动后，应立即观察主要机械设备工作参数和运动件是否正常运动。（　　）

2．使用电动工具时检查工具外观无破损即可。（　　）

三、简答题

常规机械安装工具的使用安全规定有哪些？

3.5　实训练习

3.5.1　安全标志的识读

1）禁止标志是禁止人们不安全行为的图形标志。

禁止烟火：该标志如图 3-14 所示，其中包含一根燃着的火柴或一个火柴盒，中间加一道斜杠，以直观地表示禁止烟火的意思，适用于消防、船舶、地下商场、宾馆、娱乐场所、公共交通、公民用建筑、工厂等各类重要场所。

禁止合闸：该标志如图 3-15 所示，其中包含人手握住闸刀手柄向上的情形，中间加一道斜杠，以直观地表示禁止合闸的意思。

禁止靠近：该标志如图 3-16 所示，其中包含人站立在变压器旁边的情形，中间加一道斜杠，以直观地表示禁止靠近的意思。一般出现在高压试验区、高压线、输变电设备的附近。

图 3-14　禁止烟火　　　图 3-15　禁止合闸　　　图 3-16　禁止靠近

2）警告标志是提醒人们对周围环境引起注意，以避免可能发生的危险的图形标志。

注意安全：该标志如图 3-17 所示，用于提醒人们注意周围环境安全。

当心夹手：该标志如图 3-18 所示，用于提醒人们注意防止手部被夹伤，常见于工厂、机械设备、交通工具等相关场所，提醒人们在接触可能夹伤手的物体或设备时应当采取预防措施。

当心触电：该标志如图 3-19 所示，一般出现在有可能发生触电危险的电器设备和线路（如配电室、开关等）旁边。

图 3-17　注意安全　　　图 3-18　当心夹手　　　图 3-19　当心触电

3）指令标志是强制人们必须做出某种动作或采用某些防范措施的图形标志。

必须戴安全帽：该标志如图 3-20 所示，用于提醒人员必须佩戴安全帽。

必须戴护目镜：该标志如图 3-21 所示，用于提醒人员必须佩戴护目镜。

必须接地：该标志如图 3-22 所示，用于提醒人员该区域必须接地，主要应用于防雷、防静电、设备金属外壳等场所。

图 3-20　必须戴安全帽　　　图 3-21　必须戴护目镜　　　图 3-22　必须接地

3.5.2　工具的清点

为防止工具妨碍机械运动部件运行，影响设备正常运转，导致设备故障，给企业或者实训室带来生产损失，产生不必要的危险，在设备安装完成后，必须先进行工具和杂物的清理,如图3-23所示。

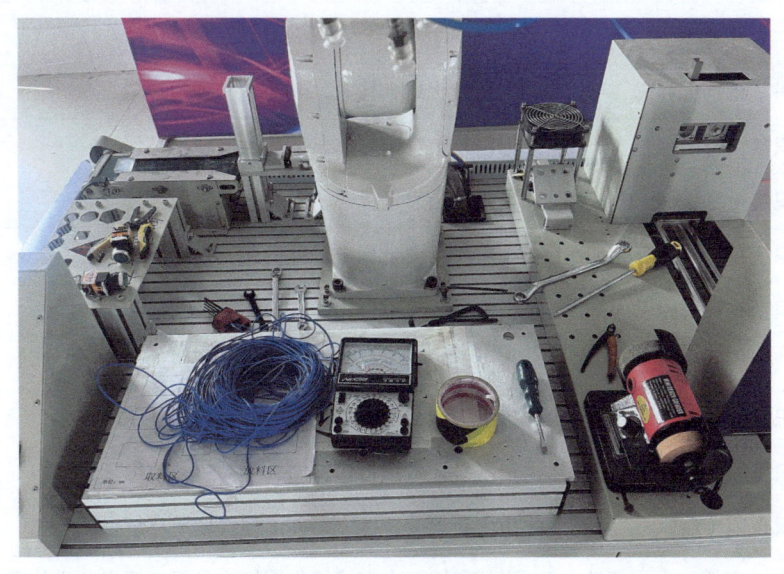

图3-23 工具和杂物的清理

需要清理的工具有导线、导线头、胶带、内六角扳手、一字槽/十字槽螺钉旋具、呆扳手、剥线钳、斜嘴钳、多用表等,此外还有部分常用工具,例如活扳手、尖嘴钳、低压验电笔、电动螺钉旋具、手电钻和电烙铁等。若在安装过程中使用,使用后也要按照工具正常清点流程进行清点工作。

需要将所用工具摆放整齐,并进行清点(图3-24),核对工具清单、查找是否有遗失的工具。若有遗失,应及时找到遗失工具,避免工具遗失到设备内部造成安全隐患。

图3-24 工具和杂物的清点

3.5.3 实训任务表

为了更好地掌握相关的技能,每个实训任务都要练习,为了不错过任何一个实训任务,请对照任务清单进行实训,见表3-1。

表 3-1 实训任务清单

序号	实训内容	实际操作	操作确认
1	认识禁止烟火标志	指出禁止烟火标志,并简述其使用环境	
2	认识禁止合闸标志	指出禁止合闸标志,并简述其使用环境	
3	认识禁止靠近标志	指出禁止靠近标志,并简述其使用环境	
4	认识注意安全标志	指出注意安全标志,并简述其使用环境	
5	认识当心夹手标志	指出当心夹手标志,并简述其使用环境	
6	认识当心触电标志	指出当心触电标志,并简述其使用环境	
7	认识必须戴安全帽标志	指出必须戴安全帽标志,并简述其使用环境	
8	认识必须戴护目镜标志	指出必须戴护目镜标志,并简述其使用环境	
9	认识必须接地标志	指出必须接地标志,并简述其使用环境	
10	清点一字槽、十字槽迷你螺钉旋具组套	将一字槽、十字槽迷你螺钉旋具组套清点完成并摆放在实训平台合理位置	
11	清点多用表	将多用表清点完成并摆放在实训平台合理位置	
12	清点美工刀	将美工刀清点完成并摆放在实训平台合理位置	
13	清点一字槽、十字槽螺钉旋具	将一字槽、十字槽螺钉旋具清点完成并摆放在实训平台合理位置	
14	清点内六角扳手	将内六角扳手清点完成并摆放在实训平台合理位置	
15	清点活扳手	将活扳手清点完成并摆放在实训平台合理位置	

注:确认无误后请在"操作确认"一栏打√。

第4章 电气装配操作的安全知识

知识要点

1. 电气装配的安全环境
2. 各类电气装配工具使用的注意事项
3. 电气装配完成后的注意事项

技能目标

1. 掌握电气装配需要的安全环境
2. 掌握安全规范使用各类电气装配工具的方法
3. 掌握电气装配完成后的注意事项

4.1 电气装配时注意安全环境

1. 注意安装环境

在进行电气装配时,尤其要注意安全问题,防范安全隐患,不恰当的环境、没注意到的小细节都可能会导致意外的发生,所以应始终牢记安全第一!本小节主要介绍电气装配时安装环境的注意事项。

1)确保工作场所通风良好,并保持干燥清洁,防止电气设备过热或产生有毒气体。确保工作区域整洁有序,避免杂物堆积和摆放障碍。

2)避免在潮湿、有腐蚀性气体或易爆环境中进行电气装配。

3)在进行电气装配时,应尽量避免在操作过程中穿戴金属饰品或带有金属扣的服装等,以防止电流通过人体而造成伤害。

4)在进行电路接线之前,必须确认电源已经关闭,并采取有效措施确保不会意外启动设备或电路。

5)在进行电气装配时,应使用合适的个人防护装备,例如绝缘手套、绝缘靴等。

6)在进行高压电气装配时,应采取额外的安全措施,例如使用绝缘材料和专业工具等。

7)遵守相关的安全规范和操作步骤,不进行未经授权的电气修改、连接或拆卸。

在进行电气装配时,环境安全是至关重要的,必须时刻保持警惕并采取必要的安全措施。只有注意到每一个安全问题,以及采取有效的预防措施,才能确保电气设备正常运行,并保障操作者的人身安全。

2. 注意设备安全

电气装配过程中,设备安全也是一个至关重要的话题。在日常操作中,工作人员需要时刻关注各种可能存在的安全隐患,以确保电气设备的正常运行和人员的安全。所以我们要经常对设备进行检查。本小节将着重介绍电气装配过程中的设备安全问题,并提出一些相应的建议。

以下是几个常见的设备安全问题:

1)错误的接线方式。不正确的接线方式可能会导致短路、电流过载等问题,进而损坏设备或造成火灾等严重后果。

2)元器件老化。元器件长时间使用后容易发生老化,如电解电容器漏液、电源电容器爆裂等情况。如果不及时更换这些老化的元器件,可能会导致电气设备失效或发生危险。

3)泄漏电流。由于设备绝缘不良或外部环境影响等原因,电气设备很容易产生泄漏电流,如果不及时排查和处理,可能对人员造成危害。

4)设备短路。电气设备内部或与其他设备连接的地方,如果有导线或异物短路,会导致电流过大,引起设备故障甚至火灾等危险。

为了避免这些安全问题的发生,我们需要采取一些措施来确保电气设备的安全:

1)使用合格的设备和工具,并按照操作说明书进行正确操作。

2)定期检查设备状态,及时更换老化损坏的元器件,以确保设备的正常运行。

3)保证设备接地可靠,并定期检查设备接地情况。

4)对于没有电气装配经验的人员,应接受必要的培训,包括安全操作、设备的正确使用等。

在电气装配过程中,工作人员只有时刻保持警惕,并采取相应措施,才能确保电气设备的正常运行和人身安全。

4.2 电气装配工具使用的安全知识

在电气装配过程中,使用正确的工具是确保工作质量和人员安全的重要前提。然而,在使用这些工具时也需要注意一系列安全知识。

1. 电气装配工具的种类

电气装配过程需要使用许多不同的工具,其中包括但不限于以下几种:

1)手动工具,如螺钉旋具、扳手、剥线钳、压线钳、美工刀等。这些工具通常用于紧固电气元器件、调整电路参数以及进行电缆加工等。

2)电动工具,如电钻、角磨机、热风枪、电烙铁等。这些工具可以快速、高效地完成各种电气装配任务。

3)测试工具,如多用表、验电笔、示波器、网络分析仪等。这些工具用于测试电路的电学参数,以确认电路状态是否正常。

2. 电气装配工具的安全知识

对于电气装配工具，需要始终遵循以下安全知识：

1）购买合格的工具。购买工具时应选择品牌可靠、质量有保障的产品，并确认其符合相关标准。

2）维护好工具。长期使用的工具可能会出现磨损或损坏，应该定期清洁、保养，以确保工具能正常使用。

3）保护好自身。在使用电动工具时，应穿戴合适的个人防护装备，如安全帽、护目镜等，以免因操作不当而造成伤害。

4）正确使用工具。使用工具前应仔细阅读说明书，并按照使用方法正确操作。禁止对工具进行改装、加工等。

5）注意工具存放。工具应存放在干燥通风的地方，并且要与易燃物品、腐蚀性物质等隔离开来，以防止意外发生。

在电气装配过程中，选择正确的工具及安全使用是确保工作顺利进行和人员安全的关键所在。只有时刻注意这些安全知识并加以遵守，才能确保工作质量和人身安全。

4.3 电气装配完成后的注意事项

电气装配是工业生产中非常重要的环节，其完成后有一系列的注意事项。本小节将会介绍在电气装配完成后需要注意的三个部分，包括电气装配完成后工具的清点工作、电路检查以及其他注意事项内容。

1. 工具清点

在进行电气装配后，对所使用的工具进行清点是必不可少的。以下是一些应该注意的事项：

1）将所有使用的工具集中到一个区域，如图4-1所示。

图4-1 将工具集中到一个区域

2）逐一检查所有使用的工具，以确认它们是否存在丢失或损坏的情况。如果发现有工具丢失或损坏，应及时更换或修复，以免影响后续的工作进展。

工业机器人与 PLC 技术入门基础篇

3）对于所有使用过的工具，需要对其进行清理，包括清除任何可能残留在工具上的灰尘、油污或其他污渍，并确保它们都干净整洁。当工具被清理干净后，应该将其放回指定的存放位置，以便随时可以找到。

4）在进行工具清点的过程中，应该特别注意哪些工具被频繁使用，以便提前做好准备，确保这些工具数量充足，能随时使用。

2. 电路检查

完成电气装配以后，并不是马上就可以上电的，还需要一系列的检查工作。以下是一些应该注意的事项：

1）短路测试。在进行电气元件短路测试之前，必须确认所有接线已经正确连接且无误。任何错误的接线都可能导致测试结果不准确或者对电气系统的正常运行产生影响。以下是一些测试方法。

① 多用表测试法。使用多用表来测量两个点之间的电阻值，如图 4-2 所示。如果电阻值接近于零，说明两个点之间存在短路。

图 4-2　使用多用表测试电路

② 桥式测试法。利用桥式电路进行测试，通过比较被测元件与标准元件之间的电阻差异，可以判断被测元件是否存在短路。

③ 高压放电法。将高压电流施加到被测元件上，观察是否有放电现象。如果被测元件出现放电现象，则可能存在短路或其他故障。

④ 电感测试法。利用电感测试仪器对被测元件的电感进行测试，观察是否符合设计要求和规格。如果电感值异常，则可能存在短路或其他问题。

⑤ 热测试法。通过施加电流并观察被测元件的温度变化，来判断是否存在短路。如果被测元件发热严重，则可能存在短路或其他问题。

在进行高压元件的测试时，必须特别注意操作安全，以免意外发生。例如，在进行高压测试之前，必须先切断相应的电源，并采取其他必要的安全措施。在进行任何测试之前，都必须仔细阅读并遵守相应的操作手册和安全规定。

2）对接线盒、开关箱、断路器等进行整体检查。检查接线端子是否有松动、脱落、变形等现象，以及开关箱门锁扣是否完好。

3）检查电缆接头。检查电缆连接是否牢固，接头是否清洁，接触是否良好，是否存在过绞或不当弯曲等问题。

4）检查电缆外皮。检查电缆外皮是否完好，是否有裂纹、剥落、磨损等情况。

5）检查接地系统。检查接地电阻值是否符合要求，接地线路是否通畅。

6）检查设备。检查各种设备的安装位置是否正确，设备周围区域是否清洁干净，是否存在水分等。

7）检查保护措施。检查过载保护、漏电保护是否正常工作。

8）检查电源。检查电源线路是否正确连接，电源的电压是否稳定。

3. 其他注意事项

1）针对不同的电气装配工程，可能需要采取不同的安全措施。在进行任何动作之前，都应了解并遵守相应的安全操作规程，以确保自己和他人的安全。

2）安装电气元件时，必须按照设计要求进行，不得随意更改位置或参数。如果必须更改，则必须先与技术人员商量，以确保更改后的电气系统能够正常运行并符合设计要求。

3）完成电气装配后，应进行全面的系统测试，以确保电气系统的正常运行。测试的过程中应该注重对每个电气元件的功能、性能和安全性进行检查，确保每个元件都能够完好地工作。

4）在电气装配完成后，应及时清理现场，确保整洁有序，并清除任何可能存在的危险物品或杂物，以避免产生安全隐患。

在电气装配完成后，通过对工具清点、电路检查以及其他注意事项的认真处理，可以确保电气系统的正常运行，同时保证工作人员的安全。

4.4 课后练习题

一、选择题

1. 电感测试法：利用电感测试仪器对被测元件的电感进行测试，观察是否符合设计要求和规格。如果电感值异常，可能存在（　　）或其他问题。

　　A．开路　　　　　B．短路　　　　　C．过电流　　　　　D．过电压

2. 热测试法：通过施加电流并观察被测元件的温度变化，来判断是否存在短路。如果被测元件发热严重，则可能存在（　　）或其他问题。

　　A．开路　　　　　B．短路　　　　　C．过电流　　　　　D．过电压

二、判断题

1. 在进行电路接线之前，必须确认电源已经关闭，并采取有效措施确保不会意外启动设备或电路。　　　　　　　　　　　　　　　　　　　　　　　　　　　　（　　）

2. 使用多用表来测量两个点之间的电阻值。如果电阻值接近于无穷大，说明两个点之间存在短路。　　　　　　　　　　　　　　　　　　　　　　　　　　　（　　）

三、简答题

为了避免安全问题的发生，对常用电气设备采取的安全措施有哪些？

工业机器人与PLC技术入门基础篇

4.5 实训练习

4.5.1 电控柜的清理

1）检查电控柜内的物品（图 4-3），清理电控柜内没有正常使用的导线、轧带或导线接头等（图 4-4）。

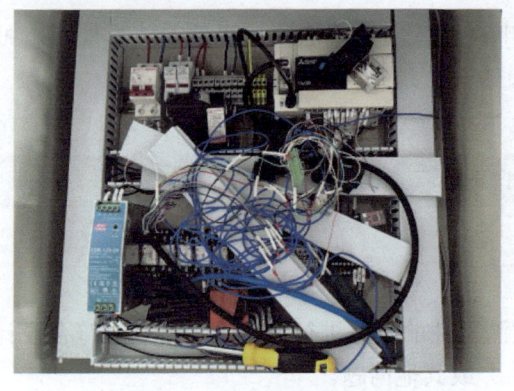

图 4-3 检查电控柜内的物品　　　　图 4-4 清理电控柜内的物品

2）检查和清理电控柜内没有正常使用的继电器、继电器底座等元器件，如图 4-5 所示。

图 4-5 检查和清理电控柜内没有正常使用的元器件

第 4 章　电气装配操作的安全知识

3）清理完成后，检查电控柜接线，如图 4-6 所示。对未连接导线、控制线进行连接，如图 4-7 所示。检查并固定连接线。

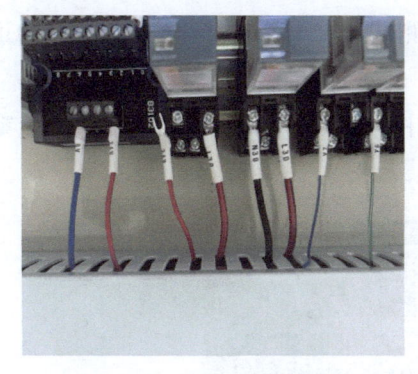

图 4-6　检查电控柜接线　　　　图 4-7　对未连接导线、控制线进行连接

4）选取合适长度的线槽盖板进行安装，并检查控制箱整体，应无杂物，外观应无异常。
电控柜清理的注意事项如下：
① 在进行任何清洗或维护工作之前，务必切断电源，确保安全；
② 佩戴符合规定的绝缘安全帽和绝缘手套，以确保个人安全；
③ 在清理过程中，要格外注意安全，避免触摸裸露的电线和零件，清理时要轻柔、小心；
④ 清洗完电控柜内外后，应将柜门关闭并确保密封性良好；
⑤ 定期进行电控柜的检查和清洗，可以及时发现潜在的问题，避免设备故障并维持设备的正常运行。

4.5.2　电控柜的安全检查

1）电控柜清理完成后，检查电控柜内导线是否连接正常。将数字多用表挡位打到蜂鸣挡，红笔接到电压、电阻、电容、二极管的接线端子上，黑笔接到 COM，如图 4-8 所示。然后将多用表表笔短接，检查多用表是否响起蜂鸣声，多用表度数应为零或较小数值，如图 4-9 所示。

图 4-8　连接多用表导线　　　　图 4-9　多用表短接测试

41

2）进行短路测试。在进行电气元件测试之前，必须确认所有接线已经正确连接且无误，电源处于断开状态。任何错误的接线都可能导致测试结果不准确或者对电气系统的正常运行产生影响。

使用多用表来测量两个点之间的电阻值，如图 4-10 所示。如果电阻值接近于零，说明两个点之间是导通状态。

图 4-10　测量两点之间的电阻值

3）测量对地绝缘。首先，如图 4-11 所示测量接地线与地或外壳金属裸露部分的电阻值。如果电阻测量值为零或趋近于零，表示接地线接地良好。如图 4-12 所示测量 24V 电源线以及 24V 电源途经线路对地或外壳金属裸露部分的电阻值，若电阻值无限大，表示对地绝缘良好。

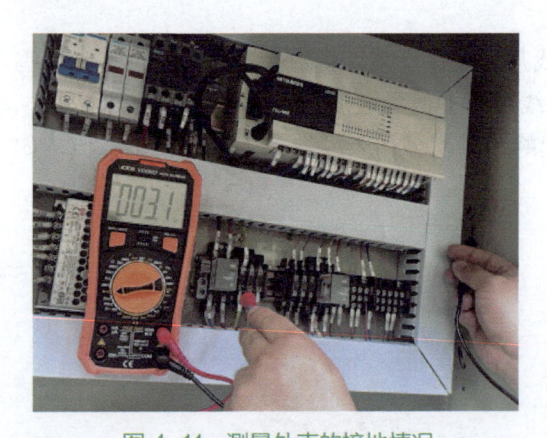

图 4-11　测量外壳的接地情况 　　　　图 4-12　测量 24V 电源线及途经的接地情况

4.5.3　实训任务表

为了更好地掌握相关的技能，每个实训任务都要练习，为了不错过任何一个实训任务，请对照任务清单进行实训，见表 4-1。

表 4-1 实训任务清单

序号	实训内容	实际操作	操作确认
1	实训平台电控柜元器件清理	将实训平台电控柜内未使用的元器件进行清理并检查	
2	实训平台电控柜工具清理	将实训平台电控柜内的工具进行清理并检查	
3	实训平台电控柜导线连接检查	将实训平台电控柜内接线端子是否有松动、脱落、变形等现象,并进行紧固或更换	
4	实训平台电控柜短路测量检查	用数字多用表进行短路测试后,对电控柜内元器件进行短路测试	
5	实训平台电控柜对地绝缘检查	测量接地线以及地线途经线路对地或外壳金属裸露部分的电阻值	
		测量 24V 电源线以及 24V 电源途经线路对地或外壳金属裸露部分的电阻值	

注:确认无误后请在"操作确认"一栏打√。

第 5 章 常用机械装配工具

知识要点
1. 熟悉锤子、样冲的规格型号与作用
2. 熟悉内六角扳手、活扳手、花形扳手的规格型号与作用

技能目标
1. 掌握锤子、样冲的使用方法及注意事项
2. 掌握内六角扳手、活扳手、花形扳手的使用方法及注意事项

5.1 锤子、样冲

5.1.1 锤子的种类、功能、使用方法及注意事项

锤子是常见的五金工具,广泛用于家庭、建筑、木工和汽车维修等领域。锤子由锤头、木柄和楔子(楔铁)组成,种类较多。锤子的规格按锤头的重量来分,有 0.25kg、0.5kg 和 1kg 等几种。

1. 锤子的种类、功能

若按锤头软硬来分,一般分为硬头锤子(图 5-1)和软头锤子(图 5-2)两种。硬头锤子用碳素钢锻制而成,并经热处理淬硬。软头锤子的锤头是用铅、铜、硬木、牛皮或橡胶制成的,多用于装配和矫正工作。

图 5-1 硬头锤子 　　图 5-2 软头锤子

按外形可分为羊角锤、圆头锤、八角锤、斧锤等。

1)羊角锤。因锤子的一头像羊角而得名,既可敲击、锤打,又可以拔钉子,所以在木工行业很受欢迎,是最常见的锤子之一,如图5-3所示。

2)圆头锤。圆头锤是最常见的锤子种类之一,一头平一头圆,通常用于金属的整形,如图5-4所示。

图5-3 羊角锤

图5-4 圆头锤

3)八角锤。锤头为八角形状,扁平面,常用于锤击木桩、敲固铆钉、筑路碎石及安装机器等,如图5-5所示。

4)斧锤。它是斧头和锤子的结合体,适用于一般野营、户外、救援等需要将各种功能尽量集成、减少重量的场合,如图5-6所示。

图5-5 八角锤

图5-6 斧锤

2. 锤子的使用方法

使用时,一般为右手握锤子,常用的方法有紧握锤子和松握锤子两种。

1)紧握锤子。右手五指紧握锤柄,大拇指合在食指上,虎口对准锤头方向(木柄椭圆的长轴方向),木柄尾端露出15～30mm,从挥锤到击锤的全过程中,全部手指一直紧握锤柄,如图5-7所示。

2)松握锤子。在挥锤前,全部手指紧握锤柄,随着锤的上举,依次将小指、无名指和中指放松,而在锤击的瞬间,又迅速将放松了的手指全部握紧,并加快手腕、肘以至臂的运动。松握锤子可以加强锤击力量,而且不易疲劳。

图5-7 紧握锤子

挥锤时,根据人体手臂的挥动幅度可以分为腕挥、肘挥、臂挥。其锤击力的大小也是和手臂的挥动幅度成正比,手臂的幅度越大,力越大。其中,腕挥时使用的力较小,需要配合紧握锤子的方法。而肘挥、臂挥因为挥动的幅度大、力大,应搭配松握锤子的方法。

挥锤时要求"准、稳、狠"三字要领,准就是命中率要高;稳就是速度节奏为40～50

次 /min；狠就是锤击要有力。

3. 锤子使用的注意事项

1）使用锤子时不得戴手套，防止锤子脱手误伤人。
2）使用前应检测锤子的锤头和手柄是否紧固，防止锤头在挥动过程中飞出。
3）不能直接用锤子击打硬钢及淬火的部件，以免崩伤。
4）在易爆、易燃、强磁及腐蚀性的场合下必须选择防爆锤（又称无火锤）。
5）用锤子作业时，要确保其前后没有人。双人同时作业时，应该进行错位作业。

5.1.2 样冲的种类、功能、使用方法及注意事项

在钳工、机械钻孔中，有很多需要划线的操作。为了避免划出的线被擦掉，要在划出的线上以一定的距离打一个小孔（小眼）做标记，做标记的工具称为样冲，如图5-8所示。

图5-8 样冲

1. 样冲的种类、功能

按照形状分类：样冲可以分为圆形冲、方形冲、长方形冲、椭圆形冲等；按照用途分类：样冲可以分为切割冲、成型冲、冲孔冲等；按照切削方式分类：样冲可以分为普通样冲和细小样冲，普通样冲是通过直接下压实现切割，而细小样冲则是通过先在材料表面打孔，然后再通过切割刀切割完成；按照加工材料分类：样冲可以分为钢制样冲、硬质合金样冲等。各种样冲如图5-9所示。

图5-9 各种样冲

样冲主要用于在金属板材上进行切割、冲孔、印模等加工。
它的主要功能包括以下几种：
1）切割。样冲可以通过其切割刀来切割金属材料，实现精确、高效的切割作业。
2）冲孔。样冲可以根据模板上的冲孔标记，在金属板材上快速而准确地打孔，达到需要的孔洞尺寸和形状，如图5-10所示。
3）压印。样冲还可以根据设计好的压印模板，在金属板材上印出需要的图案或文字等标记，以满足不同的生产需求，如图5-11所示。

图5-10 样冲冲孔   图5-11 样冲压印

除此之外，样冲还可以完成折弯、成形、拉伸等多种复杂的金属加工工艺，广泛应用于汽车、机械、电子、家用电器等制造行业。在工业生产中，样冲的使用可以提高生产率、缩短制造周期、降低生产成本。

2. 样冲的使用方法

使用时，一手拇指与食指持样冲中部，使其与工件面垂直，然后倾斜45°，移动顶尖寻找并对准被冲的交叉点或交汇点等要冲点后，再竖直垂立样冲，用另一手持小锤子，稳劲击打样冲尾部一下，使冲点形成。如果冲点深浅不达要求或偏斜，则按原对准法再次修正、击打，直至满意为止，如图 5-12 所示。

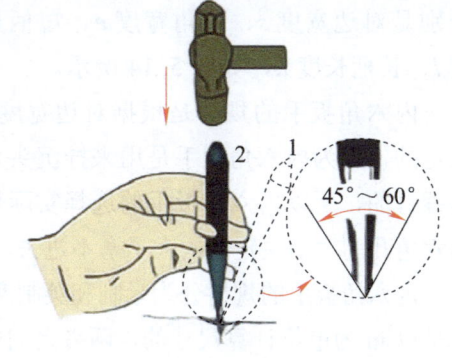

图 5-12　样冲的使用方法

3. 样冲使用的注意事项

1）冲点的位置要准确，冲心不能偏离线条。

2）冲点间的距离要视划线的形状和长短而定，直线上可稀，曲线上稍密，转折交叉点处需冲点。

3）冲点的大小要根据工件材料表面情况而定，薄的应浅些，粗糙的可深些，软的应轻些，精加工表面禁止冲点。

4）孔中心处的冲点最好大些，以便钻孔时钻头容易对准圆心。

5.2　内六角扳手、活扳手、花形扳手

5.2.1　内六角扳手的规格、使用方法及注意事项

内六角扳手又称艾伦扳手，是成 L 形的六角棒状扳手。它通过扭矩施加对螺钉的作用力，大大降低了使用者的用力强度。可以这样说，在现代工业所涉及的安装工具中，内六角扳手虽然不是最常用的，但却是最好用的，如图 5-13 所示。

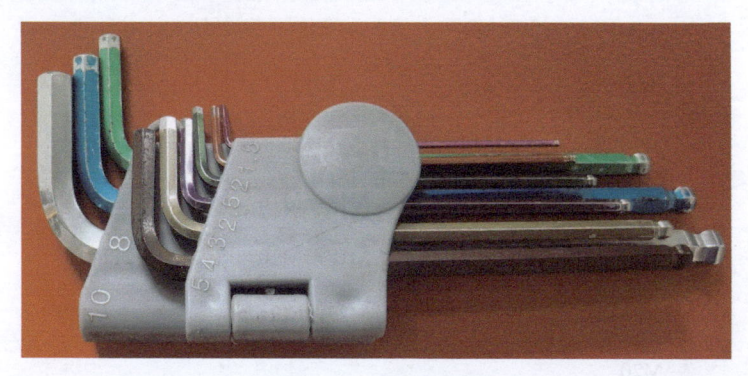

图 5-13　内六角扳手

47

1. 内六角扳手的规格

一般内六角扳手的外形有 4 个参数，分别是对边宽度 s、对角宽度 e、短柄长度 l、长柄长度 L，如图 5-14 所示。

内六角扳手的规格是根据对边宽度 s 来定的，因为内六角扳手是用来拧沉头六角螺钉的，所以内六角扳手的选择实际是由六角孔的大小决定的，大了塞不进去，小了打滑。

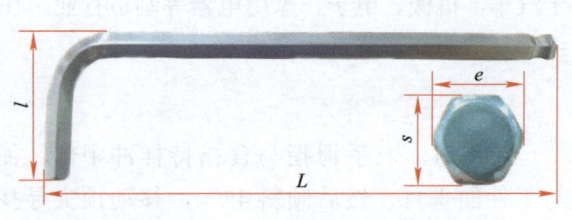

图 5-14 内六角扳手的端面

内六角扳手的规格分为米制和英制两种（米制单位是以 mm 为单位计算尺寸的，英制单位是以 in 为单位计算尺寸的，两者之间的关系是 1in=25.4mm），二者大体上区别不大，只是计量单位不同。常见的规格有 1.5mm、2mm、2.5mm、3mm、4mm、5mm、6mm、8mm、10mm、12mm、14mm、17mm 等。内六角扳手及对应螺钉的规格见表 5-1。

表 5-1 内六角扳手及对应螺钉的规格

米制内六角扳手规格 /mm	螺钉规格				
	内六角圆柱头螺钉（杯头）	内六角沉头螺钉（平头）	内六角平圆头螺钉（圆头）	内六角紧定螺钉（机米）	内六角圆柱头轴肩螺钉（塞打）
0.7				M1.6	
0.9				M2	
1.3	M1.4			M2.5，M2.6	
1.5	M1.6，M2			M3	
2	M2.5	M3	M3	M4	
2.5	M3	M4	M4	M5	
3	M4	M5	M5	M6	M5
4	M5	M6	M6	M8	M6
5	M6	M8	M8	M10	M8
6	M8	M10	M10	M12，M14	M10
8	M10	M12	M12	M16	M12
10	M12	M14，M16	M14，M16	M18，M20	M16
12	M14	M18，M20	M18，M20	M22，M24	M20
14	M16，M18	M22，M24	M22，M24		
17	M20				

2. 内六角扳手的使用方法

内六角扳手一头是平头，另一头是球头。平头因为受力面积大，所以扭力也大；而球头虽然扭力相对于平头较小，但是可以多角度使用，球头一般能在25°内进行活动，方便在特殊的场景下倾斜作业，如果扭力不够，还可以搭配助力杆，如图5-15所示。

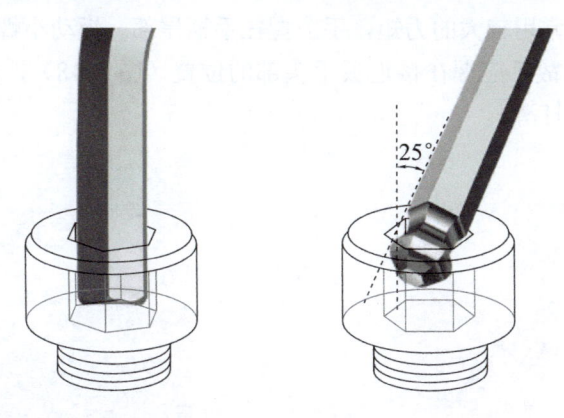

图 5-15 内六角扳手的使用

在使用内六角扳手时，应先将六角头插入内六角螺钉的六方孔中，用左手下压并保持两者的相对位置，以防转动时从六方孔中滑出；右手转动扳手，带动内六角螺钉紧固或松开。

需要注意的是，在一些特殊场景下，如果没有专门搭配助力杆，可以用其他工具来进行延长借力，比如使用活扳手夹紧内六角扳手或者使用一些带孔位的工具进行延长借力。当然，也可以使用一些特制加长版的内六角扳手。

3. 内六角扳手使用的注意事项

1）选用内六角扳手时一定要根据螺钉大小进行，间隙不能过大，否则会损坏螺钉头或螺母，并且容易滑脱造成伤害事故。

2）内六角扳手在放进螺钉孔时，一定要下压确保其完全放进去，有时还会用小锤子击打一下，以防打滑。

3）目前市场上较为常见的内六角扳手套装都是一根根的，在使用时极易弄丢，所以在使用完内六角扳手后一定要养成及时放回的好习惯。

5.2.2 活扳手的规格、使用方法及注意事项

活扳手是用来紧固和起松不同规格的螺母和螺栓的一种工具，其开口尺寸可在一定范围内调节。活扳手由头部和柄部构成，具体包括活动扳口、固定扳口、手柄、旋转蜗轮和固定销。旋转蜗轮可调节开口尺寸。活扳手的结构如图5-16所示。

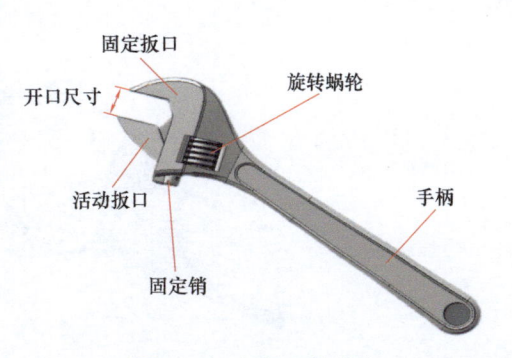

图 5-16 活扳手的结构

1. 活扳手的规格

活扳手的规格有100mm、150mm、200mm、250mm、300mm、375mm、450mm、600mm等。

2. 活扳手的使用方法

使用活扳手时，要紧握手柄，将固定扳口内壁贴紧螺母一侧，然后调节蜗轮，使活动扳口紧贴住螺母另一侧，然后使固定扳口受拉力，活扳唇受推力，只有这样施力才能保证固定销、螺母及扳手本身不被损坏。活扳手的握法如图 5-17 所示。

扳动大螺母时，常用较大的力矩，手应握在手柄尾部。扳动小螺母时，所用力矩不大，但螺母过小易打滑，故手应握在接近扳手头部的位置（图 5-18），这样可随时调节蜗轮，收紧活动扳口，防止打滑。

图 5-17　活扳手的握法　　　　图 5-18　扳动小螺母时的握法

3. 活扳手使用的注意事项

1）使用活扳手时应先将活扳手调整合适，使活扳手开口与螺栓、螺母两对边完全贴紧，不应存在间隙，以免打滑，损坏管件或螺栓，并造成人员受伤。
2）不应套加力管使用，不准把扳手当锤子、撬棍等使用。
3）扳手用力方向一米内不准站人，防止作业时造成人员受伤。
4）高空作业时，注意在扳手后缘用绳子系好，以防跌落。
5）严禁带电操作。

5.2.3　花形扳手的规格、使用方法及注意事项

花形扳手是指两头为花环状的扳手，且两头花环不一样大。其内孔是由 2 个正六边形相互同心错开 30°而成。很多花形扳手都有弯头，常见的弯头角度为 10°～45°，从侧面看旋转螺栓部分和手柄部分是错开的，如图 5-19 和图 5-20 所示。

图 5-19　花形扳手头为花环状　　　图 5-20　常见的弯头角度

1. 花形扳手的规格

花形扳手的规格分为米制和英制两种，其规格型号指的就是其开口尺寸，常见的规格有 8mm×10mm、10mm×12mm、12mm×14mm、14mm×17mm、16mm×18mm、17mm×19mm、19mm×22mm、22mm×24mm、24mm×27mm、27mm×30mm、30mm×32mm、32mm×34mm、32mm×36mm、34mm×36mm、36mm×38mm、36mm×41mm、38mm×41mm、41mm×46mm、46mm×50mm、50mm×55mm 等。

2. 花形扳手的使用方法

在使用花形扳手时，左手推住花形扳手与螺栓连接处，保持花形扳手与螺栓完全配合，防止滑脱，右手握住花形扳手的另一端并加力。花形扳手可将螺栓、螺母的头部全部围住，因此不会损坏螺栓角，可以施加大力矩。花形扳手的握法如图 5-21 所示。

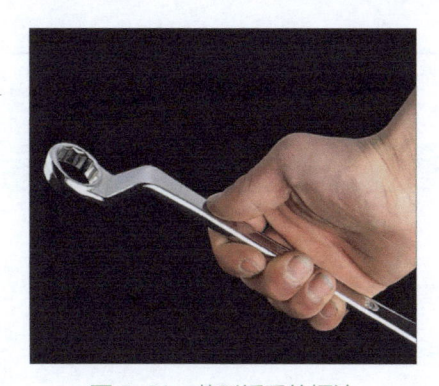

图 5-21　花形扳手的握法

3. 花形扳手使用的注意事项

1）使用花形扳手时，一定要确保扳手及螺栓尺寸和形状完全配合，否则会因打滑造成螺栓损坏，甚至造成人身伤害。
2）不应套加力管使用，不准把扳手当锤子、撬棍等使用。
3）严禁使用带有裂纹和内孔已严重磨损的花形扳手。
4）高空作业时，扳手用绳子系好，以防跌落风险。
5）严禁带电操作。

5.3　课后练习题

一、选择题

1. 活扳手和花形扳手的主要区别在于（　　）。
 A．头部形状不同　B．长度不同　C．材质不同　D．功能不同
2. 内六角扳手的主要优点是（　　）。
 A．扭矩传递均匀　B．使用范围广泛　C．常见尺寸多样　D．操作简单易学

二、判断题

1. 活扳手可以调节长度，适用于拧紧或松开不同尺寸的螺栓。（   ）
2. 花形扳手常用于拆卸或安装木工机器等设备。（   ）

三、简答题

简述内六角扳手与内六角螺栓、螺母之间的连接原理。

5.4 实训练习

5.4.1 机器人吸盘夹具的拆装

1. 机器人吸盘夹具的拆卸

1）提前准备好设备和工具。某吸盘夹具如图 5-22 所示，吸盘夹具的分解示意图如图 5-23 所示，为了表述方便，给每个零件进行编号。同时准备一些拆装工具（一套内六角扳手、一把活扳手、一把十字槽螺钉旋具），如图 5-24 所示。

图 5-22　吸盘夹具

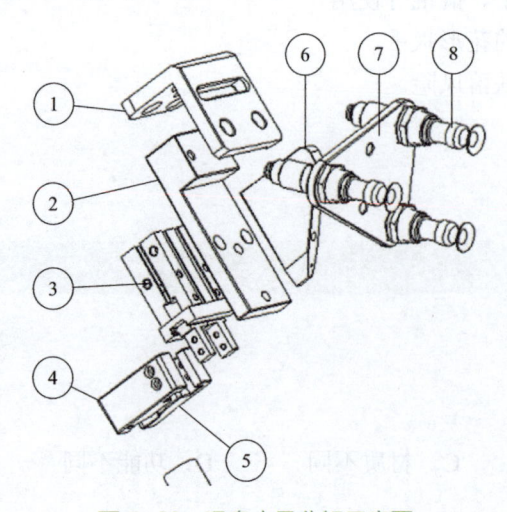

图 5-23　吸盘夹具分解示意图

图 5-24　拆装工具

2）用5mm的内六角扳手把联接①号零件和②号零件的两颗螺钉拆下来，如图5-25所示。①号零件拆下后如图5-26所示。

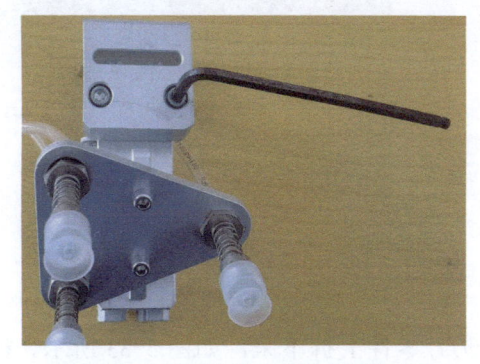

图5-25 把固定①号零件的螺钉拆下 　　图5-26 拆下的①号零件

3）用2.5mm的内六角扳手拧下联接②号零件和③号零件的两颗螺钉，把③号零件从②号零件上拆下来，如图5-27所示。拆下的③号零件如图5-28所示。

图5-27 把③号零件从②号零件上拆下 　　图5-28 拆下的③号零件

4）用4mm的内六角扳手把联接⑥号零件和②号零件的两颗螺钉拆下，如图5-29所示。图5-30所示为⑥号零件和②号零件拆开后的示意图。

图5-29 把固定②号零件的螺钉拆下 　　图5-30 拆开的⑥号零件和②号零件

5）接下来逆时针旋转十字槽螺钉旋具，把④号零件和⑤号零件从③号零件上拆下来，如图5-31所示。拆开的④号零件和⑤号零件如图5-32所示。

图 5-31　把④号零件和⑤号零件从③号零件上拆下 　　图 5-32　拆开的④号零件和⑤号零件

6）用 4mm 的内六角扳手把⑥号零件从⑦号零件上拆下来，如图 5-33 所示。拆下的⑥号零件如图 5-34 所示。

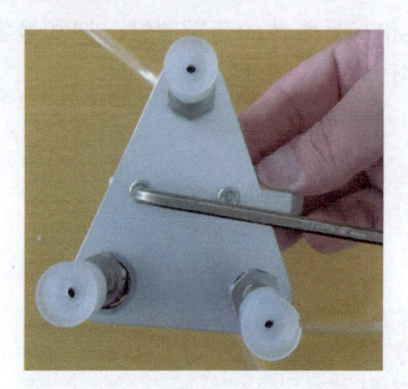

图 5-33　把⑥号零件从⑦号零件上拆下 　　图 5-34　拆下的⑥号零件

7）用一把活扳手锁死⑧号零件的一侧，逆时针旋转，然后用手拧另一侧的螺母，如图 5-35 所示。用同样的方法把剩下的⑧号零件从⑦号零件上拆下来，拆开的⑦号零件和⑧号零件如图 5-36 所示。

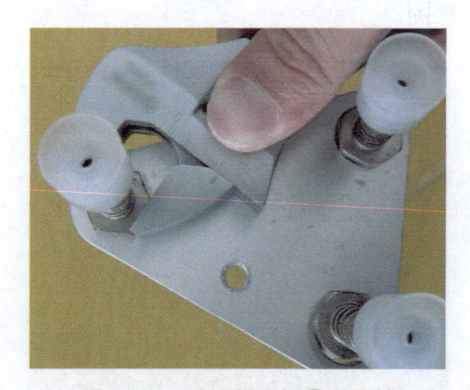

图 5-35　用活扳手拆⑧号零件 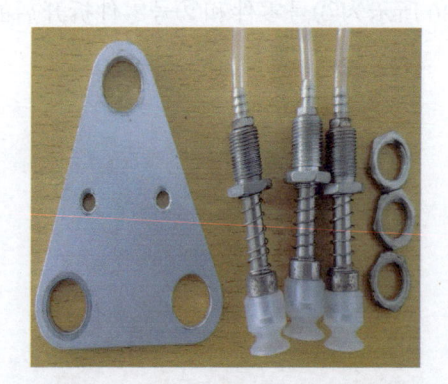　　图 5-36　拆开的⑦号零件和⑧号零件

2. 机器人吸盘夹具的安装

1）把图 5-37 所示的零件用十字槽螺钉旋具组装起来。用十字槽螺钉旋具顺时针旋转，把④号零件和⑤号零件装到③号零件上，如图 5-38 所示。

图 5-37　准备好③~⑤号零件　　　　图 5-38　把④号零件和⑤号零件装到③号零件上

2）接下来，准备好⑦号零件和⑧号零件（图 5-39），然后把⑧号零件装到⑦号零件上，即把三个⑧号零件分别放到⑦号零件的三个孔内，然后用一把活扳手锁死⑧号零件的一侧，用另一把扳手拧另一侧的螺母，直至螺母拧紧为止，如图 5-40 所示。

图 5-39　准备好⑦号零件和⑧号零件　　　图 5-40　把三个⑧号零件装到⑦号零件上

3）把⑥号零件和⑦号零件以图 5-41 所示的姿态对齐螺孔。然后用 4mm 的内六角扳手拧紧⑦号零件上的固定螺钉，如图 5-42 所示。

图 5-41　对齐⑥号零件和⑦号零件的螺孔　　　图 5-42　把⑦号零件上的固定螺钉拧紧

4）对齐②号零件和⑥号零件的螺孔，如图 5-43 所示。然后用 4mm 的内六角扳手拧紧联接⑥号零件和②号零件的螺钉，如图 5-44 所示。

55

图 5-43　对齐②号零件和⑥号零件的螺孔 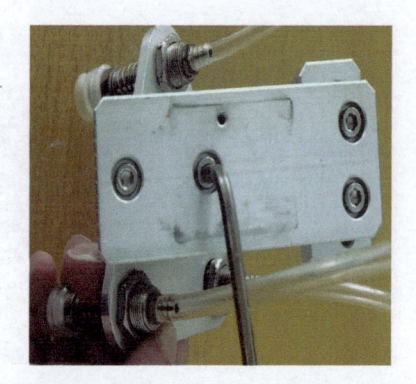　　　　图 5-44　把②号零件上的固定螺钉拧紧

5）对齐②号零件和③号零件的螺孔，如图 5-45 所示。然后用 2.5mm 的内六角扳手拧紧联接③号零件和②号零件的螺钉，如图 5-46 所示。

图 5-45　对齐②号零件和③号零件的螺孔 　　　　图 5-46　把③号零件上的固定螺钉拧紧

6）对齐②号零件和①号零件的螺孔，如图 5-47 所示。然后用 5mm 的内六角扳手拧紧联接①号零件和②号零件的螺钉，如图 5-48 所示。

图 5-47　对齐②号零件和①号零件的螺孔 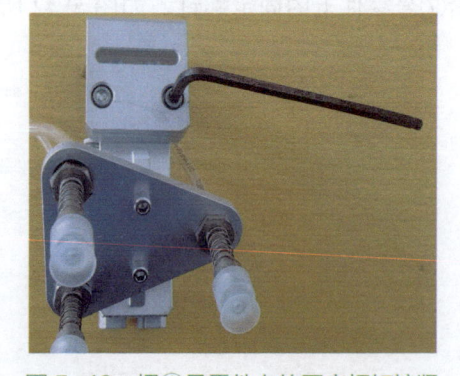　　　　图 5-48　把①号零件上的固定螺钉拧紧

5.4.2　实训任务表

为了更好地掌握相关的技能，每个实训任务都要练习，为了不错过任何一个实训任务，请对照任务清单进行实训，见表 5-2。

表5-2 实训任务清单

序号	实训内容	实际操作	操作确认
1	准备工作	准备一个吸盘夹具和一套工具	
2	吸盘工具的拆卸	用内六角扳手拆下①号零件	
		用内六角扳手拆下③号零件	
		用内六角扳手拆下⑥号零件	
		用螺钉旋具拆下④号零件和⑤号零件	
		用内六角扳手拆下⑦号零件	
		用活扳手拆下⑧号零件	
3	吸盘工具的安装	用螺钉旋具装上④号零件和⑤号零件	
		用活扳手装上⑧号零件	
		用内六角扳手装上⑦号零件	
		用内六角扳手装上⑥号零件	
		用内六角扳手装上③号零件	
		用内六角扳手装上①号零件	

注：确认无误后请在"操作确认"一栏打√。

第 6 章 常用电气装配工具

知识要点
1. 熟悉螺钉旋具、验电笔的种类与使用方法
2. 熟悉斜嘴钳、钢丝钳、尖嘴钳的种类与使用方法
3. 熟悉剥线钳、压线钳的种类与使用方法

技能目标
1. 掌握螺钉旋具、验电笔的使用方法
2. 掌握斜嘴钳、钢丝钳、尖嘴钳的使用方法
3. 掌握剥线钳、压线钳的使用方法

6.1 十字槽、一字槽螺钉旋具及验电笔

6.1.1 十字槽螺钉旋具的功能、种类及使用方法

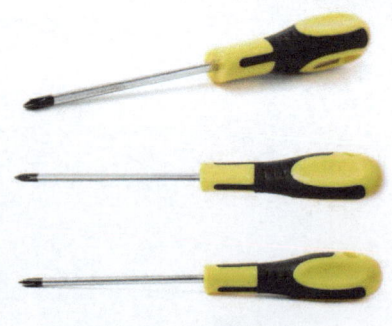

1. 十字槽螺钉旋具的功能

十字槽螺钉旋具主要用于旋转十字槽螺钉,如图 6-1 所示。

2. 十字槽螺钉旋具的种类

十字槽螺钉旋具的规格通常是用工作端部槽号和旋杆长度来表示的。常用的工作端部槽号通常有 6 个,分别是 PH000、PH00、PH0、PH1、PH2、PH3,型号越靠前,螺钉旋具头尺寸越小。比如 PH2-100,PH2 是工作端部槽号,100 是长度,单位为 mm。

图 6-1 十字槽螺钉旋具

3. 十字槽螺钉旋具的使用方法

将十字槽螺钉旋具的工作端部对准螺钉的顶部凹坑,用手固定好螺钉旋具,然后开始旋转手柄。顺时针方向旋转螺钉旋具为拧紧螺钉,逆时针方向旋转螺钉旋具为松开螺钉,如图 6-2 所示。

图 6-2 十字槽螺钉旋具的使用方法

6.1.2 一字槽螺钉旋具的功能、种类及使用方法

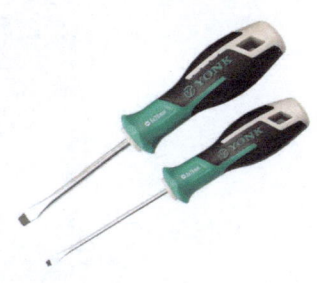

1. 一字槽螺钉旋具的功能

一字槽螺钉旋具主要用于旋转一字槽螺钉（图 6-3）。一字槽螺钉旋具也可以应用于十字槽螺钉。

2. 一字槽螺钉旋具的种类

一字槽螺钉旋具的规格通常用工作端部宽度×旋杆长度来表示。一字槽螺钉旋具的工作端部宽度一般分为 2mm、2.5mm、3mm 等。例如 2×100，表示工作端部宽度为 2mm，旋杆长度为 100mm。

图 6-3 一字槽螺钉旋具

3. 一字槽螺钉旋具的使用方法

将一字槽螺钉旋具的工作端部对准螺钉的顶部凹坑，固定好后开始旋转手柄。顺时针方向旋转为拧紧，逆时针方向旋转为松开。

6.1.3 验电笔的功能、种类及使用方法

1. 验电笔的功能

验电笔的主要作用是测试导线是否带电。由于设备电柜里的线路较多，为了快速查找故障点，有时会选择用验电笔查找。

验电笔中有一氖泡，测试时如果氖泡发光，说明导线有电或者是通路的相线。

图 6-4 传统式低压验电笔

2. 验电笔的种类

验电笔按照测量电压的高低可分为高压验电笔、低压验电笔和弱电验电笔。其中，低压验电笔是比较传统的一种，如图 6-4 所示。按照接触方式可分为接触式验电笔和感应式验电笔（图 6-5）。

图 6-5 感应式验电笔

3. 验电笔的使用方法

使用传统式低压验电笔时，用食指顶住验电笔的笔帽，用其他手指捏住验电笔使其保持稳定，如图 6-6 所示。然后将金属笔尖插入想要测量的插孔中，查看验电笔中间位置的氖泡是否发光，如果氖泡有发光，则代表这个插孔中有电。需要注意的是，低压验电笔通常用于线电压 500V 及以下项目的带电体检测。

数显式验电笔通常拥有直接检测与感应断点检测两种模式，直接检测类似于传统式验电笔的功能，当笔头接触带电体时，用手指触碰直接检测功能的金属部分即可测出带电体是否有电，如果有电，显示屏会显示其电压大小。图 6-7 所示为数显示验电笔的结构。

图 6-6 传统式低压验电笔的使用　　图 6-7 数显式验电笔的结构

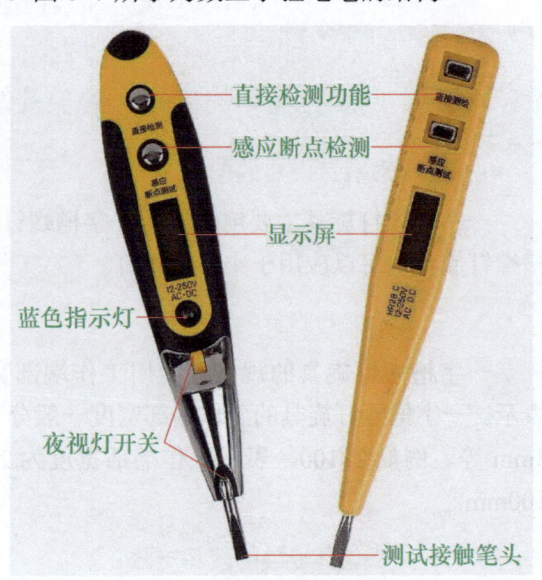

感应断点检测功能可以用来检测电路的断路情况。用指尖碰触检测按钮，显示的带电符号是相线。若带电电路中有断点，移动验电笔时带电符号消失，表明此处位置断路；如图 6-8 所示。

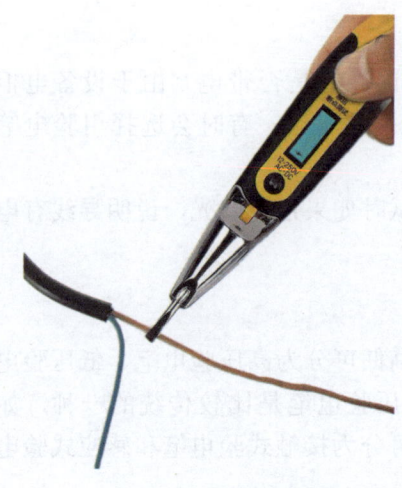

图 6-8 感应断点检测

6.2 斜嘴钳、钢丝钳、尖嘴钳

6.2.1 斜嘴钳的功能、种类及使用方法

1. 斜嘴钳的功能

斜嘴钳主要用于剪切电缆或者元器件中多余的引线，通常还可以用来代替剪刀剪切绝缘套管、剥导线绝缘层和扎带等。斜嘴钳如图 6-9 所示。

2. 斜嘴钳的种类

斜嘴钳有多种类型，可分为专业电子斜嘴钳、德式省力斜嘴钳、不锈钢电子斜嘴钳、VDE 耐高压大头斜嘴钳（VDE，Verband Deutscher Elektrotechniker；德国电气工程师协会认证）、镍铁合金欧式斜嘴钳、精抛美式斜嘴钳、省力斜嘴钳等。

图 6-9 斜嘴钳

3. 斜嘴钳的使用方法

左手拿导线，右手握住斜嘴钳手柄，将钳口朝向内侧，然后用小拇指从两个钳柄中间抵住钳柄，张开钳头。用钳嘴末端夹住线缆，将斜嘴钳往内用力压，如图 6-10 所示。

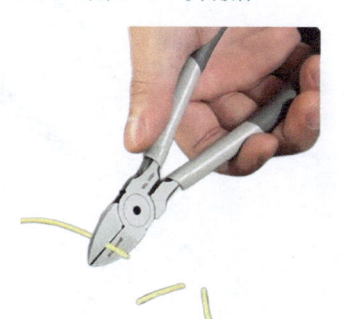

图 6-10 斜嘴钳的用法

6.2.2 钢丝钳的功能、种类及使用方法

1. 钢丝钳的功能

钢丝钳可以把比较坚硬的细钢丝剪断，主要用于掰弯或者扭曲金属零件或剪切金属丝等。钢丝钳如图 6-11 所示。

2. 钢丝钳的种类

钢丝钳的种类大致可以分为专业日式钢丝钳、VDE 耐高压钢丝钳、镍铁合金欧式钢丝钳、精抛美式钢丝钳、镍铁合金德式钢丝钳等。

图 6-11 钢丝钳

3. 钢丝钳的使用方法

用右手握住钳柄，将钳口朝内侧，以便于控制刃口，用小姆指伸在两钳柄中间来抵住钳柄，张开钳头，这样便于灵活分开钳柄。然后用钳齿夹紧钢丝，轻轻地上抬或者下压，就可以掰断钢丝，如图 6-12 所示。

6.2.3 尖嘴钳的功能、种类及使用方法

1. 尖嘴钳的功能

尖嘴钳一般由尖头、刀口和钳柄组成，主要应用于剪切较细的单股或者多股导线，还

图 6-12 钢丝钳的用法

可用于把单股的导线弯曲,或者剥塑料绝缘层等。尖嘴钳如图 6-13 所示。

2. 尖嘴钳的种类

尖嘴钳一般可以分为高档日式尖嘴钳、专业电子尖嘴钳、德式省力尖嘴钳、VDE 耐高压尖嘴钳等。

3. 尖嘴钳的使用方法

用右手握住钳柄,将钳口朝内侧,以便于控制刃口,用小姆指伸在两钳柄中间来抵住钳柄,张开钳头。将较细的单股或者多股电缆放到刃口处,然后右手握紧钳柄,即可剪断电缆。或者把单股电缆放到尖头,右手用力对其进行弯曲,如图 6-14 所示。

图 6-13 尖嘴钳　　　　　　　　　图 6-14 尖嘴钳的用法

6.3 剥线钳、压线钳

6.3.1 剥线钳的功能、种类及使用方法

1. 剥线钳的功能

剥线钳可用于剥除导线头部的表面绝缘层和切断电线的绝缘皮,在把绝缘皮和导线分开时,还可以防止触电。剥线钳如图 6-15 所示。

2. 剥线钳的种类

剥线钳由刃口、压线口和钳柄组成,一般有三种类型,分为多功能剥线钳、自动剥线钳和鸭嘴剥线钳。

3. 剥线钳的使用方法

使用剥线钳剥线时,根据电缆的粗细,选择相对应的剥线刃口,然后将准备好的电缆放到剥线钳的刃口中间,选择好要剥掉的长度,握住剥线钳手柄,将电缆夹住,缓缓用力使导线外表皮慢慢剥落,松开工具手柄,取出电缆,这时电缆金属部分整齐地露出外面,其余绝缘塑料完好无损,如图 6-16 所示。

图 6-15 剥线钳 　　　　　　　图 6-16 剥线钳的用法

6.3.2 压线钳的功能、种类及使用方法

1. 压线钳的功能

在进行电缆连接时，如果直接把电缆连接到端口处，可能会导致接线不牢固、容易发热等问题。所以在电缆的一端连接一个端子，再把端子连接到端口处，就会比较牢固。

压线钳是一种把电缆的一端和接线端子连接在一起的工具，如图 6-17 所示。

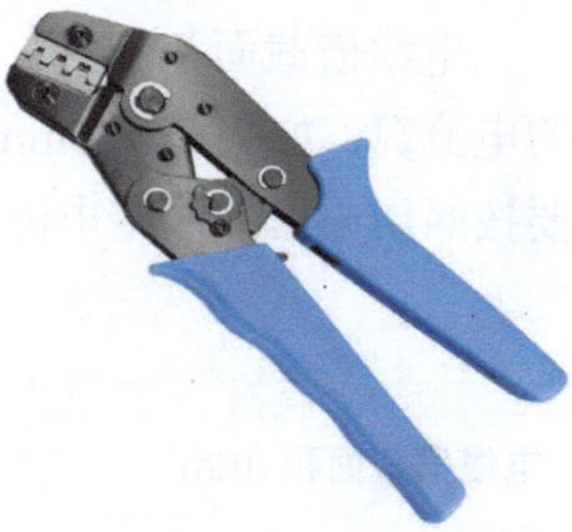

2. 压线钳的种类

压线钳一般可分为棘轮式压线钳、针型压线钳、手动一体式液压压线钳、分体式压线钳、电动压线钳、气动压线钳和水晶头压线钳等。

图 6-17 压线钳

3. 压线钳的使用方法

将需要压接的电缆按照需求进行剥线，然后将端子放入压线钳的钳口，并将电缆套入端子中，用力按压下钳柄，直到听到"咔"的一声，松开手柄。将端子取出，并进行拉力测试。压线钳的使用方法如图 6-18 所示。

a）先把端子按规格在钳口放好　　b）把已剥皮电缆放进端子并开始压接　　c）施加压力完成压接，取出进行拉力测试

图 6-18 压线钳的用法

6.3.3 电缆的规格与选择

1. 电缆的规格

电缆的规格是指电缆的横截面积，而且大小是规定好的，从小到大依次为 0.3mm²、0.5mm²、0.75mm²、1mm²、1.5mm²、2.5mm²、4mm²、6mm²、10mm²、16mm²、25mm²、35mm²、50mm²、70mm²、95mm²、120mm²、150mm²、185mm²、240mm² 等。电缆的横截面

如图 6-19 所示。

图 6-19 电缆的横截面

2. 电缆的选择

首先要根据设备额定电流的大小、设备的工作环境等因素来选择电缆。然而，即使是相同的横截面积，如果电缆的导体材料不同，额定载流量也不同，多股和单股的载流量也不同，甚至对电缆的敷设方式也有影响。

电缆横截面积越大，每平方毫米的载流量就越小，比如 10mm² 的电缆每平方毫米按 5A 的电流算，如果是 120mm² 的电缆，每平方毫米的载流量按 2A 的电流算。所以选择电缆时，要按照用电器的额定电流来计算电缆的横截面积。不同电缆允许的载流量见表 6-1。

表 6-1 不同电缆允许的载流量

电缆横截面积 /mm²	空气中的载流量 /A		埋地的载流量 /A	
	铜芯	铝芯	铜芯	铝芯
1.5	23	21	18	17
2.5	28	22	30	23
4	38	29	39	30
6	48	37	48	37
10	66	51	64	39
16	88	69	83	63
25	112	84	107	82

6.3.4 接线端子的规格与选择

接线端子（简称端子），规格有叉形、针形、O 形、公母快接形等，主要用于电缆接头，使其与其他接头处相连，起到连接紧固、增加接触面等作用，以及避免接触不良、连接处发热等情况的出现。几种端子的规格如图 6-20 所示。

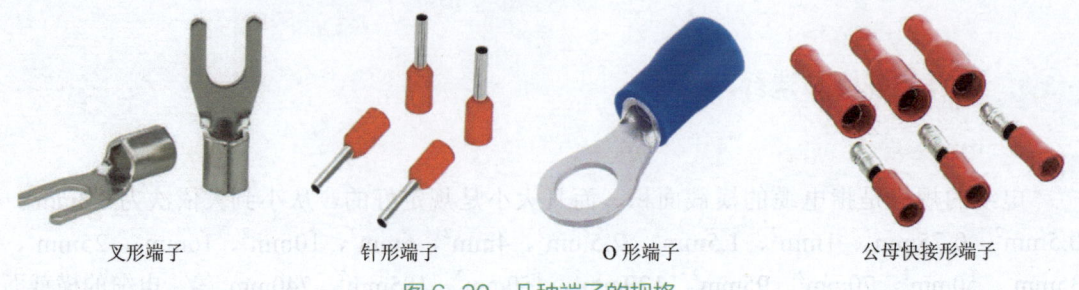

叉形端子　　　针形端子　　　O 形端子　　　公母快接形端子

图 6-20 几种端子的规格

选择端子时应该根据电缆的横截面积来选择，选择的端子不宜过大，过大时压接后容易掉落，导致压接不紧固；同时也不宜过小，过小时会导致电缆不能将全部线芯放进端子中，从而减少电缆的横截面积，因此端子选择要适中。

6.4 课后练习题

一、选择题

1. 一字槽螺钉旋具的规格 2×100 中的 100 代表（　　）。
   A．手柄长度　　B．工作端部宽度　　C．旋杆长度　　D．整体长度
2. 剥线钳一般由（　　）组成。【多选题】
   A．刃口　　　　B．钳柄　　　　　　C．绝缘柄　　　D．压线口

二、判断题

1. 使用验电笔时，验电笔中间位置的氖泡发光，则代表测量的插孔中有电。（　　）
2. 钢丝钳也可以把比较坚硬的细钢丝剪断。（　　）

三、简答题

简述压线钳的使用方法。

6.5 实训练习

6.5.1 机器人平台电缆的连接

ABB 120 工业机器人电缆的连接，涉及编码器电缆、机器人动力电缆、示教器电缆、电源线 4 种，如图 6-21～图 6-24 所示。

图 6-21　编码器电缆　　　　　　图 6-22　机器人动力电缆

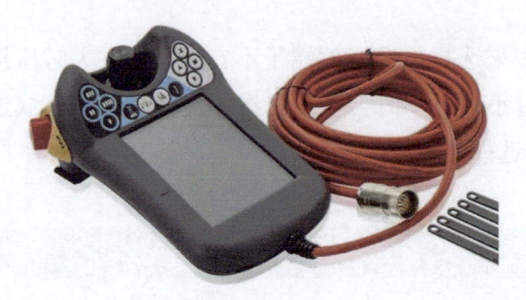

工业机器人与PLC技术入门基础篇

图 6-23　示教器电缆 　　　　　　　　图 6-24　电源线

1）机器人本体与控制柜之间编码器电缆的连接。首先将电缆 L 形一头与机器人本体背后标有"SMB R1"的接口进行连接（图 6-25 和图 6-26），再将另外一头与控制柜上标有"XS2 Signal cable"的接口进行连接，如图 6-27 和图 6-28 所示。需要注意的是，ABB 工业机器人的所有电缆都有防错设计或者箭头标识，连接时只要能轻松地接进去，就证明接对了。

图 6-25　插头与机器人接口对齐 　　　图 6-26　连接后旋转圆圈卡扣使其固定

图 6-27　插头与控制柜接口对齐 　　　图 6-28　连接后旋转圆圈卡扣使其固定

2）机器人本体与控制柜之间动力电缆的连接。动力电缆两头的大小有明显区别，小的一端接机器人本体（图 6-29 和图 6-30），大的一端接控制柜上标有"XS1 Power cable"的

接口，如图 6-31 和图 6-32 所示。

图 6-29　动力电缆连接机器人本体接口 　　图 6-30　用一字槽螺钉旋具拧紧线缆的固定螺钉

图 6-31　动力电缆连接控制柜上标有 "XS1 Power cable" 的接口 　　图 6-32　按下固定卡扣使其固定

3）示教器电缆接头与控制柜上标有"XS41"的接口进行连接，如图 6-33 和图 6-34 所示。

图 6-33　电缆接头按照箭头指示对齐 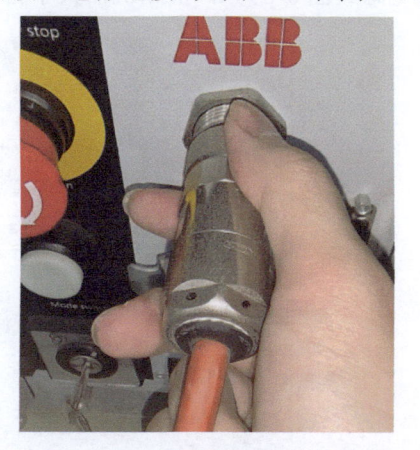　　图 6-34　扭紧圆圈卡扣使其固定

4）电源线与控制柜上标有"XS0"的接口进行连接，如图 6-35～图 6-37 所示。

图 6-35　电源线连接控制柜上标有"XS0"的接口 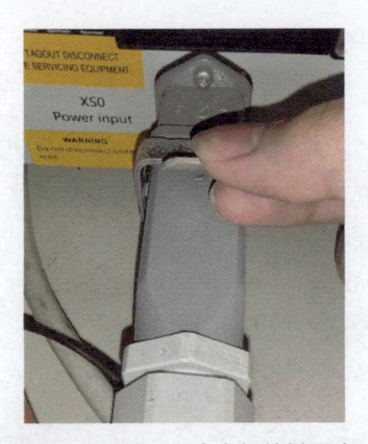　　图 6-36　按下固定卡扣使其固定

图 6-37　接通电源

6.5.2　用数显式验电笔测量机器人平台电源电压

启动机器人平台,打开机器人平台电控柜(图 6-38),用数显式验电笔触碰机器人平台的主电源(图 6-39),检测机器人平台的电压数值。

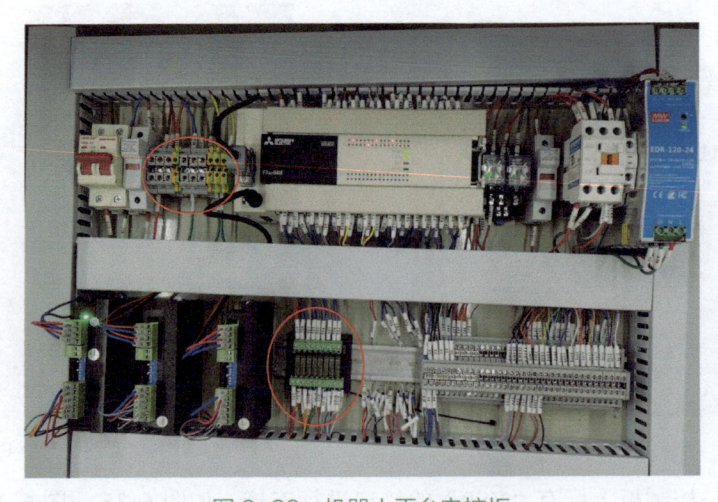

图 6-38　机器人平台电控柜

图 6-39　测量电压

6.5.3　接线端子的压接

接线端子的压接操作如下：

1）选择合适的导线与端子，如图 6-40 所示。

图 6-40　选择合适的导线与端子

2）使用压线钳对导线与端子进行压接，如图 6-41～图 6-43 所示。

图 6-41　将导线绝缘层剥除 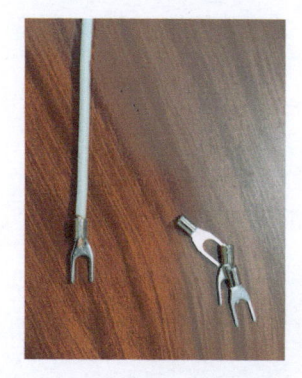　　图 6-42　将线芯放进端子内 　　图 6-43　用压线钳将端子压紧

6.5.4 实训任务表

为了更好地掌握相关的技能，每个实训任务都要练习，为了不错过任何一个实训任务，请对照任务清单进行实训，见表6-2。

表6-2 实训任务清单

序号	实训内容	实际操作	操作确认
1	编码器电缆的连接	将机器人本体与控制柜之间的编码器电缆连接	
2	动力电缆的连接	将机器人本体与控制柜之间的动力电缆连接	
3	示教器电缆的连接	将示教器电缆与控制柜上标有"XS41"的接口连接	
4	电源线与控制柜的连接	将电源线与控制柜上标有"XS0"的接口连接	
5	用数显式验电笔测平台电源电压	用数显式验电笔测量机器人平台电源电压及24V电压	
6	接线端子的压接	对平台常用的针形、叉形端子进行压接	

注：确认无误后请在"操作确认"一栏打√。

第 7 章 机械装配常用标准件

知识要点

1. 熟悉丝杠、齿轮、轴承、螺钉的规格型号与作用
2. 熟悉丝杠、齿轮、轴承、螺钉的分类

技能目标

1. 掌握丝杠、齿轮、轴承、螺钉的认识、安装和维护
2. 掌握丝杠、齿轮、轴承、螺钉的注意事项和使用范围

7.1 丝杠

丝杠是一种常见的机械传动装置,通过螺纹丝杠和螺母的配合实现将旋转运动转化为线性运动,广泛应用于数控机床、3D 打印机、自动化生产线等各种机械设备中。安装丝杠时需要注意许多细节,下面我们将详细介绍。

1. 丝杠的认识

(1) 丝杠的构成 丝杠通常由螺纹丝杠和螺母两部分组成,如图 7-1 所示。其中,螺纹丝杠是一种长条形零件,表面上有连续的螺旋槽,而螺母则是与螺纹丝杠配合的零件,它的内部也有相应的螺旋凸起,可以沿着丝杠轴向移动,实现线性运动。

(2) 丝杠的分类 根据丝杠的螺纹结构不同,丝杠可以分为三类:普通螺纹丝杠、滚珠丝杠和导轨丝杠。其中,普通螺纹丝杠是最常见的一种,它通过精密加工制成,表面平整光滑,但摩擦力较大,适用于低速、低负荷的场合。而滚珠丝杠和导轨丝杠则采用了轴承技术,因此可在高速、高负荷条件下使用,具有很好的耐磨性和寿命。

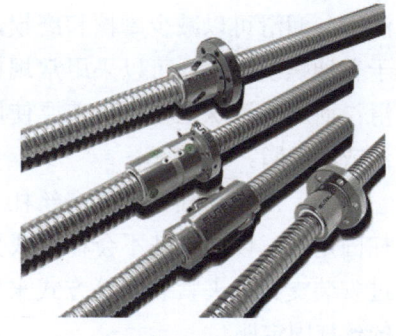

图 7-1 丝杠

(3) 丝杠的优缺点 丝杠作为一种机械传动装置,具有许多优点。第一,它具有较高的传动精度和重复定位精度,能够满足高精度加工的需求;第二,它的结构简单、可靠性高,维护保养相对容易;第三,它适用范围广泛,可以用于各种形状和尺寸的工件加工。

同时,丝杠也存在一些不足之处。第一,由于丝杠与螺母之间的摩擦力较大,因此需要进行润滑,否则会增加运动阻力和磨损;第二,在高速、高负荷等极端情况下,丝杠的使用寿命会受到一定的限制。

2. 丝杠的安装

在安装丝杠时,需要注意以下几点:

(1) 确定丝杠的安装位置和方向　首先,要根据实际需求确定丝杠的安装位置和方向。这通常根据机器或设备的结构和功能来设计,并考虑丝杠与其他零件之间的协调配合。

(2) 选择合适的螺母与丝杠匹配　需要选择合适的螺母与丝杠匹配。丝杠螺母可以分为普通螺母和滚珠螺母两种,其中滚珠螺母具有更小的摩擦力和更好的耐磨性,但也更昂贵一些。在选择螺母时,要根据实际需求和预算选择合适的型号和材质。为确保螺母与丝杠能够正常运动,安装好螺母后,需要进行检查,确保它们与丝杠之间的配合良好。如果发现螺母无法顺畅地沿着丝杠轴向移动,或者与丝杠之间有过大或过小的间隙,则需要进行调整或更换。普通丝杠螺母如图7-2所示,滚珠丝杠螺母如图7-3所示。

图7-2　普通丝杠螺母　　　　图7-3　滚珠丝杠螺母

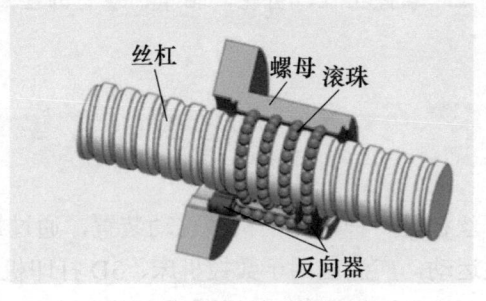

(3) 润滑　在使用前,还需要对丝杠和螺母进行润滑。润滑可以减少摩擦和磨损,延长使用寿命。对于普通螺纹丝杠,可以采用常规机油或润滑脂进行润滑;而对于滚珠丝杠,则需要使用专用的高性能润滑油或润滑脂。

(4) 固定丝杠　安装完丝杠和螺母后,需要将丝杠固定好,以保证其不会移动或晃动。这通常可以通过安装支架、夹紧装置等方式来实现,如图7-4所示的丝杠固定座。

(5) 加强防护　为了保证丝杠的正常运行和安全使用,还需要加强防护措施。比如在丝杠周围设置防护罩或防护网,以避免误触或意外伤害。

图7-4　丝杠固定座

3. 丝杠的维护

在长期使用过程中,丝杠也需要进行定期维护和保养,以确保其性能和寿命。

（1）检查和清洁　首先，要定期检查丝杠和螺母的状态，包括表面是否有磨损、变形、裂纹等异常情况。如果发现问题，需要及时进行处理。同时，还要对丝杠和螺母进行清洁，去除表面的灰尘、油污等杂质，以保证润滑效果和运动精度。

（2）润滑　润滑是丝杠维护的重要环节。在使用过程中，应根据实际情况定期添加润滑剂，并注意润滑剂的种类和用量。润滑剂不足会导致摩擦增大，影响运动精度，而过多的润滑剂则容易造成堵塞和浪费。

（3）调整和更换　如果发现丝杠和螺母之间的配合不良，或者出现运动不顺畅等情况，则需要及时进行调整。同时，在丝杠长期使用后，也需要考虑更换的问题，以保证机器和设备的性能和安全。

综上所述，丝杠作为一种重要的机械传动装置，具有广泛的应用领域和优良的性能。在安装和维护时，需要注意许多细节，包括选择合适的材质、润滑、固定和防护措施等。只有做好这些工作，才能确保丝杠的正常运行和性能长期稳定。

7.2　齿轮

1. 齿轮的认识

齿轮是一种常见的机械传动装置，通过齿轮之间的啮合来实现旋转运动的传递。不同类型的齿轮具有不同的结构和用途，下面将介绍齿轮的分类和认识。

（1）齿轮的分类

1）圆柱齿轮。圆柱齿轮是最常见的一种齿轮（图7-5），它的齿轮面为柱面，齿轮轴线与配合齿轮的轴线平行。圆柱齿轮可按齿轮轴线的相对位置，分为平行轴齿轮和交叉轴齿轮两种。其中，平行轴齿轮常用于各种机床、传动机构、工作机器等场合；而交叉轴齿轮则常用于汽车变速箱、机床快换齿轮箱等场合。

2）锥齿轮。锥齿轮的齿轮面为圆锥面，齿轮轴线与配合齿轮的轴线相交，如图7-6所示。锥齿轮可按角度分为直齿锥齿轮、斜齿锥齿轮和螺旋锥齿轮三种。锥齿轮常用于传动转向和转速变换，如汽车和机床中的差速器和主从变速器。

图7-5　圆柱齿轮　　　　图7-6　锥齿轮

3）内齿轮。内齿轮是一种齿轮面为环面，齿轮轴线与配合齿轮轴线相交的齿轮，如图7-7所示。内齿轮常用于传动空间有限的场合，如减速器、提升机等。

4）行星齿轮。行星齿轮是由太阳轮、行星轮和内齿轮组成的一种齿轮传动系统，如图7-8所示。太阳轮作为驱动轮，通过行星轮与内齿轮的啮合来传递动力。行星齿轮通常用于精密仪器、自动化生产线和工业机器人制造等场合。

图 7-7 内齿轮 　　　　图 7-8 行星齿轮

（2）齿数　齿数是齿轮设计时需要考虑的重要参数之一。齿数越多，齿轮转动时的平滑度和稳定性就越好，但制造难度和成本也会相应增加。因此，在设计齿轮时，需要根据实际需求和经济效益综合考虑。

（3）齿轮的模数　齿轮的模数是指齿轮一个齿占所有分度圆直径的数值，通常用符号 m 表示。模数是齿轮设计中的一个重要参数，用来描述齿轮齿形的尺寸。模数越大，齿距越宽，可以承受的转矩和负载越大。常用的模数有1、1.25、1.5、2、2.5、3、4、5、6等。在选择齿轮时，需要根据传动功率、转速、使用环境等因素来确定合适的模数。

（4）齿轮的材料　齿轮通常使用优质合金钢、碳素钢、不锈钢、黄铜等材料制造。其中，优质合金钢具有高强度、高硬度和高耐磨性，适用于高负荷和高速传动场合；碳素钢适用于中低负荷和低速传动场合；不锈钢适用于一些有特殊要求（如耐蚀）的场合。

（5）齿轮的加工方式　齿轮的加工方式主要包括齿轮铣削、齿轮滚齿、齿轮磨削等。其中，齿轮滚齿是目前应用最广泛的一种加工方式，其优点是能够高效地生产出高精度、高质量的齿轮，且加工成本相对较低。而齿轮铣削和齿轮磨削则适用于需要加工复杂齿形或精度要求更高的场合。

（6）齿轮的润滑　在齿轮传动中，润滑是非常重要的一个环节，它可以减小齿轮之间的摩擦和磨损，从而保证齿轮传动的效率和寿命。常用的润滑方式有油润滑和脂润滑两种。油润滑适用于高速、连续运转的齿轮传动，其优点是稀薄、易流动，能够迅速散热；而脂润滑适用于中低速、间歇性运转的齿轮传动，其优点是黏度大、润滑性好，能够长时间保持润滑效果。齿轮的润滑如图7-9所示。

总之，齿轮作为一种重要的机械传动装置，在工

图 7-9 齿轮的润滑

第7章 机械装配常用标准件

业生产和日常生活中都有广泛应用，具有传动效率高、可靠性强等优点。在选择和使用齿轮时，需要根据实际需求和经济效益等，综合考虑各种因素，如齿轮的类型、材料、模数、加工方式和润滑等，才能确保齿轮具有较好的性能和寿命。

2. 齿轮的安装和维护

齿轮的安装和维护也是其正常运行和延长使用寿命的重要环节。以下是齿轮安装和维护的注意事项：

（1）**齿轮的安装**（图7-10） 齿轮的安装应根据实际情况进行，一般需要注意以下几点：

1）保证齿轮的轴向线与相邻部件的轴向线对中，并且齿轮之间的啮合关系正确。

2）在安装齿轮时，应先涂上润滑油或润滑脂，以减小摩擦和磨损。

3）安装齿轮前应检查齿轮齿面的状态，如有磨损、划痕等情况，则应及时更换。

图 7-10 安装齿轮

4）在齿轮安装完成后，需要进行试运行，检查齿轮是否正常运转和啮合，确保没有异常情况（如噪声等）。

（2）**齿轮的维护** 在齿轮长时间使用后，需要进行定期维护和保养，以确保其性能和寿命。维护和保养应注重以下几个方面：

1）检查和清洁齿轮。定期检查齿轮齿面的状态，包括磨损、划痕等情况，并进行清洁，去除表面的灰尘、油污等杂质。

2）润滑齿轮。润滑是齿轮维护的重要环节，应根据实际需要定期添加润滑剂，并注意润滑剂的种类和用量。

3）调整和更换齿轮。如果发现齿轮出现运动不顺畅或啮合不良等情况，则需要及时进行调整或更换。

4）加强防护。为了保证齿轮的正常运行和安全使用，还需要加强防护措施。比如在齿轮周围设置防护罩或防护网，以避免误触或意外伤害。

7.3 轴承

轴承包括球轴承、滚子轴承、推力球轴承等。安装时，应根据不同类型的轴承选择相对合适的安装方法和工具，并注意清洁和润滑。一般要求安装表面平整、无划痕、油脂充足、紧固件适当，严格按照规定的顺序和力度进行安装。同时，还应注意避免过度负荷和振动，以及定期检查和维护轴承的状态。

轴承作为一种重要的机械元件，广泛应用于各种设备和机器中，如汽车、飞机、火车、工业机械等。正确选择和安装轴承可以有效延长其使用寿命，提高运行效率和降低维护成本。下面将详细介绍轴承的分类、特点、适用范围以及安装注意事项。

1. 轴承的分类、特点和适用范围

根据轴承的不同结构和工作原理,可以将其分为以下几类:

1)球轴承。球轴承是最常见的一种轴承(图 7-11),其内部装有一些小球,可在轴和壳之间传递负荷。它具有自我对中性能良好、转速较高、摩擦系数小、噪声小等优点,适用于需要快速旋转和低摩擦的场合,如电动工具、家用电器等。

2)滚子轴承。滚子轴承与球轴承类似(图 7-12),但其内部装有一些滚筒或滚柱,可承受更大的负荷和冲击力。因此,它适用于高负荷、高速度和高温度的场合,如发动机、重型机械等。

图 7-11 球轴承　　　　图 7-12 滚子轴承

3)推力球轴承。推力球轴承是一种专门用于承受轴向负荷的轴承,具有高刚度和高精度等特点,如图 7-13 所示。它通常与其他类型的轴承组合使用,如滚子轴承和球轴承,以提高整个系统的性能。

4)圆锥滚子轴承。圆锥滚子轴承是一种特殊的轴承,其内部装有一些带有楔形角度的滚柱(图 7-14),可以承受较大的径向和轴向负荷,并适用于高速运转的场合,如车轮、传动系统等。

图 7-13 推力球轴承　　　　图 7-14 圆锥滚子轴承

5)轴承总成。轴承总成是指由一个或多个轴承组成的整体部件,可以方便地安装和维护,如图 7-15 所示。它适用于需要经常更换和调整轴承的场合,如摩托车、自行车等。

6)线性轴承。线性轴承是一种专门用于直线运动的轴承,具有摩擦小、精度高和噪声小等特点(图 7-16),适用于需要平稳运动和高精度的场合,如数控机床、半导体设备等。

图 7-15 轴承总成　　　　图 7-16 线性轴承

2. 轴承的安装注意事项

正确安装可以保证轴承的正常工作，延长其使用寿命。以下是轴承安装时需要注意的几个方面：

1）清洁。在安装轴承前，要彻底清洁轴承安装位置和轴承本身，以免杂质和污垢对轴承造成损害。

2）润滑。轴承需要润滑才能正常工作，因此在安装前要确保轴承内部充满适当的润滑脂或润滑油，并注意选用合适的润滑剂。

3）安装表面。安装表面应平整、无划痕，如有必要，可以进行打磨和修整。

4）紧固件。在安装轴承时，应使用合适的紧固件，并按照正确的顺序和力度进行拧紧，以避免过紧或过松，对轴承造成损害。

5）预载荷。某些类型的轴承需要设置预载荷，以保证其正常工作。预载荷应根据轴承类型和使用条件进行调整。

6）转子平衡。对于高速运转的轴承，要对转子进行平衡处理，以减小振动和噪声。

7）检查和维护。轴承安装后，应定期检查其状态，并及时更换和维护。若轴承发生异常情况，如发出噪声、摩擦力增大等，应立即停止使用，并进行检查和维护。

综上所述，轴承是机械设备中不可缺少的元件，其种类和特点各异，应根据具体使用场合和要求选择合适的轴承。在安装轴承时，要注意保持清洁、润滑、平整，并按照正确的顺序和力度进行操作，以确保轴承能正常工作和延长使用寿命。

此外，为了更好地保护轴承，还需要在使用过程中注意以下几点：

1）避免过度负荷。轴承的负荷应控制在其承载能力范围内，避免因过度负荷导致轴承失效。

2）避免振动。机器或设备的振动会对轴承造成损害，因此要采取合适的措施减小振动。

3）定期检查和维护。轴承应定期进行检查和润滑，以确保其状态良好。

4）注意轴承的存储和运输。轴承应存放在干燥、清洁、防尘的环境中，并采取合适的运输方式和包装措施，避免碰撞和挤压。

总之，轴承作为机械设备中的重要元件，其选择和安装不仅关系到设备的性能和寿命，也直接影响生产率和成本。因此，在使用轴承时，我们应该认真选择、正确安装、定期检查和维护，以确保机器或设备能正常运转和延长使用寿命。

7.4 螺钉

螺钉是一种常用的紧固件，其基本构成包括螺钉头部、螺纹部分和螺钉尖端。它主要用于联接或固定两个或多个物体，通过螺纹的咬合作用产生紧固力。螺钉的类型多样，包括机器螺钉、自攻螺钉和木螺钉等，每种螺钉都有其特定的应用场景和用途。在选择和使用螺钉时，需要考虑被联接材料的类型、厚度、预期的负载以及环境条件等因素，以确保螺钉的紧固效果和安全性。

常用的螺钉有内六角圆柱头螺钉、内六角花形螺钉、六角头螺钉、自攻螺钉和木螺钉等。

7.4.1 内六角圆柱头螺钉

内六角圆柱头螺钉如图 7-17 所示，是一种常用的紧固件，其头部为圆柱状，并带有内六角孔，以便于使用内六角扳手进行拧紧或松开。

图 7-17 内六角圆柱头螺钉

1. 内六角圆柱头螺钉的特点

1）容易操作和拧紧。内六角圆柱头螺钉的头部呈圆柱形，并带有一个内六角孔，使得螺钉可以用内六角扳手或专用工具进行拧紧，提供更大的扭矩传递能力，同时相比于其他类型的螺钉，更容易操作和拧紧。

2）强度和稳定性良好。由于头部较大且形状简单，内六角圆柱头螺钉具有良好的强度和稳定性，可以在高扭矩和重负荷条件下使用。它们通常用于需要较高紧固力或大扭矩传递的场合。

3）防滑性能良好。内六角圆柱头螺钉的设计使得其在拧紧过程中具有更高的防滑性能，有利于确保联接的稳定性和安全性。

2. 材质

内六角圆柱头螺钉的材质多样，包括不锈钢（如 SUS202、SUS304、SUS316 等）、碳钢、合金钢等。不锈钢材质具有耐腐蚀、耐高温等特性，适用于潮湿、酸碱等恶劣环境；碳钢和合金钢材质则具有较高的强度和硬度，适用于一般机械连接。

3. 规格

内六角圆柱头螺钉的规格通常以其直径和长度来表示，如 M2×6、M3×8 等。此外，还有不同的头部直径、厚度以及内六角孔的尺寸可供选择。规格的选择应根据具体的使用环境和要求来确定。

4. 应用领域

内六角圆柱头螺钉广泛应用于各种机械设备、电子产品，以及汽车制造、航空航天等领域。例如，在汽车制造中，内六角圆柱头螺钉常用于发动机、变速器等部件的紧固；在机械设备中，则用于各种传动装置、连接件等的紧固。

5. 内六角圆柱头螺钉的安装

内六角圆柱头螺钉的安装是一个需要细致操作的过程，以下是详细的安装步骤：

1）做好准备工作。选择合适的内六角圆柱头螺钉，确保其长度和直径与需要安装的位置相匹配。准备必要的工具，如内六角扳手（或电动扳手）、锤子（如果需要打孔）、扭矩扳手（用于检查扭矩值）等。

2）插入螺钉。将内六角圆柱头螺钉垂直插入孔中，确保螺钉的头部与工件表面平齐或稍低于表面。

3）紧固螺钉。使用内六角扳手或电动扳手顺时针旋转螺钉，逐渐施加力度将其紧固。在紧固过程中，要保持扳手与螺钉的六角孔对齐，避免滑丝或损坏。如果需要，可以使用扭矩扳手检查螺钉的扭矩值是否符合要求。确保扭矩值既不过大也不过小，以免损坏螺钉或导致松动。

4）检查与调整。安装完成后，检查螺钉是否紧固到位，有无松动或歪斜现象。如果发现松动或歪斜，应重新调整并紧固螺钉。

6. 注意事项

1）选择正确的工具。使用与内六角圆柱头螺钉尺寸相匹配的螺钉旋具进行拧紧或拆卸，以避免损坏螺钉或螺钉旋具。

2）清洁螺钉内槽。在拧紧前，确保内六角圆柱头螺钉内槽没有异物和碎屑，以保证工具的顺利贴合。

7.4.2 内六角花形螺钉

内六角花形螺钉是一种具有特殊头部设计的紧固件。这种螺钉的头部结合了内六角和花形（或星形）的几何特征，使得它在使用时具有独特的优点，如图7-18所示。

具体来说，内六角花形螺钉的头部中心有一个六边形的内孔，但围绕这个内孔的是一系列向外辐射的花形（或星形）凸起。这种设计允许使用专门设计的花形螺钉旋具（通常是内六角花形扳手）进行拧紧和松开操作。

图7-18 内六角花形螺钉

1. 内六角花形螺钉的特点

1）防松性能。花形槽的设计能有效防止螺钉旋具在使用过程中滑动，从而提高了紧固件的防松性能。

2）易于拧紧和松开。由于采用了内六角设计，使得螺钉旋具在操作时能更深入地接触螺钉头，从而更容易实现拧紧和松开。

3）耐磨损。花形槽的几何形状，以及其材质通常具有较好的耐磨性，延长了螺钉的使用寿命。

4）多样性。内六角花形螺钉有多种规格和材质可供选择，如不锈钢、黄铜、合金钢等，以满足不同场景下的使用需求。

2. 内六角花形螺钉的安装

内六角花形螺钉的安装过程相对简单，但需要注意一些细节以确保安装的正确性和螺钉的稳固性。以下是详细的安装步骤：

1）选择合适的螺钉旋具或扳手。内六角花形螺钉需要使用与之匹配的内六角花形螺钉旋具或扳手进行安装。确保工具与螺钉的尺寸和形状相匹配，避免因使用不合适的工具导致螺钉损坏。

2）检查螺钉。确认螺钉无损坏、无锈蚀，且表面质量良好。

3）插入螺钉。将内六角花形螺钉垂直插入预先打好的螺孔中。注意保持螺钉与螺孔的中心对齐，避免倾斜或偏移。

4）施加适当力度。使用内六角花形螺钉旋具或扳手顺时针旋转螺钉。在旋转过程中，应逐渐施加力度，避免因突然用力导致螺钉损坏或螺孔破裂。同时，要注意控制旋转速度，确保螺钉能够平稳地旋入螺孔中。

5）检查紧固度。当螺钉旋入到适当位置时（通常是螺钉头部与工件表面平齐或稍低于表面），应停止旋转并检查螺钉的紧固度。可以通过轻轻摇动螺钉来检查其是否牢固。如果发现松动，应重新旋紧。

3. 注意事项

1）选择正确的工具。使用与内六角花形螺钉尺寸相匹配的螺钉旋具进行拧紧或拆卸，以避免损坏螺钉或螺钉旋具。

2）控制扭矩。在拧紧过程中，应控制扭矩避免因过度拧紧导致螺钉损坏。

3）清洁螺钉内槽。在拧紧前，确保螺钉内槽没有异物和碎屑，以保证工具的顺利贴合。

7.4.3 六角头螺钉

六角头螺钉是一种常用的金属配件，如图7-19所示。

1. 定义与分类

六角头螺钉由头部和螺杆（带有外螺纹的圆柱体）两部分组成，是一种配用螺母的圆柱形带螺纹的紧固件。根据性能和用途的不同，六角头螺钉可分为普通螺钉和高强螺钉两大类。普通螺钉进一步细分为A、B、C三个等级，其中A、B级为精制螺钉，C级用于表面较粗糙、装配精度要求不高的场合。

图7-19 六角头螺钉

2. 优点

1）安装与拆卸方便。六角头螺钉的头部设计为外凸的六边形结构，这种设计使得其安装和拆卸非常方便且省力，常用的工具包括呆扳手、活扳手以及套筒扳手等。这种设计使得几乎任何一个普通工人都能轻松操作。

2）受力均匀。由于六角头螺钉的头部有六个面都能受力，使得螺钉在扭矩的作用下不易变形，提高了联接的稳定性和可靠性。

3）承载能力强。在扭矩范围内，六角头螺钉的承载能力较大，扭矩作用下发生塑性形变的概率也大大降低，从而提高了螺钉的使用寿命。

4）耐磨性好。六角头螺钉表面常采用氧化处理，具有很好的耐磨性，能够在恶劣的工作环境中保持较长的使用寿命。

5）抗振性能好。由于六角形状的设计，六角头螺钉的接口更加紧密，与螺母的接合性更强，因此抗振性能更好，有助于解决一些常见的松动问题。

6）适用范围广。市场上六角头螺钉规格齐全，适用于多种场合和领域，如建筑、机械制造、汽车、家具制造、航空航天等。

3. 缺点

1）占用空间大。六角头螺钉的外形比较显著，占用空间较多，不适合用于空间较小的环境，可能会限制其在某些精密设备或狭小空间内的使用。

2）影响美观。在某些需要美观的设备或产品上，突出的螺栓头部可能会显得不协调，影响整体的美观度。

3）不适用于沉头安装。由于六角头螺钉的头部无法沉入工件内部，因此不适用于需要沉头安装的场合。

4. 六角头螺钉的安装

六角头螺钉的安装是一个相对直接且重要的过程，主要涉及以下几个步骤：

1）准备工作。准备所需的工具和材料，包括六角头螺钉、配套的螺母、合适的扳手（如扭矩扳手）、防锈剂等。

2）螺栓安装。将六角头螺钉插入需要固定的孔中，确保螺钉与孔的配合良好。如果孔的尺寸不合适，需要进行调整或更换孔。

3）螺母安装。将螺母放置在螺钉的另一端，确保螺母的位置正确，并且与螺钉的配合良好。

4）紧固螺钉。使用扳手等工具，按照规定的扭矩值进行紧固。在紧固过程中，需要注意力度均匀，避免过紧或过松。过紧可能导致螺钉变形甚至断裂，过松则会影响紧固效果。

5）检查。安装完成后，对六角头螺钉进行检查，确保紧固到位且没有松动。

5. 注意事项

1）选择合适的扳手。使用与螺钉尺寸相匹配的扳手，避免因使用不合适的扳手导致螺钉滑丝或损坏。

2）控制拧紧力矩。严格按照规定的拧紧力矩进行操作，避免过度拧紧或拧紧不足。

7.4.4 自攻螺钉

自攻螺钉是一种特殊的螺钉，具有尖头、粗牙和质地较硬的特点，如图 7-20 所示。其材质有铝合金、塑料等。这种螺钉主要用于非金属或较软的金属材料的联接与固定，

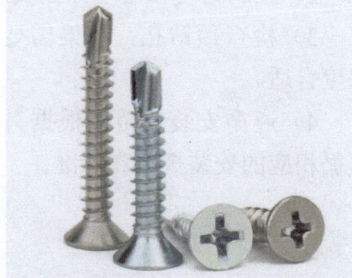

图 7-20 自攻螺钉

能够在被固结的材料上，靠其自身的螺纹，将被固结体"攻、钻、挤、压"出相应的螺纹，使之相互紧密配合。

1. 定义与特点

1）定义。自攻螺钉，是一种带有钻头的螺钉，需要使用专用的电动工具，钻孔、攻螺纹、固定、锁紧一次完成。

2）特点。尖头、粗牙、质地较硬，能够直接旋入材料内部形成螺纹，无需预先打孔或攻螺纹。

2. 自攻螺钉的安装

自攻螺钉的安装是一个相对简单的过程，但需要注意一些细节以确保安装质量和效果。以下是自攻螺钉安装的一般步骤：

（1）准备工作

1）选择合适的自攻螺钉。根据被联接材料的厚度、硬度以及所需的承载能力，选择合适的自攻螺钉。注意螺钉的直径、长度和螺纹类型等参数。

2）准备工具。常用的工具有螺钉旋具（手动或电动）、电钻（如果需要预钻孔的话）等。确保工具与螺钉相匹配，并检查工具的完好性。

（2）安装步骤

1）预钻孔（可选）。对于较硬或较厚的材料，建议在安装前使用电钻预钻一个引导孔。孔的直径应略小于自攻螺钉的直径，以便螺钉能够顺利切入并形成螺纹。预钻孔的深度也应适当，以确保螺钉能够完全固定在材料中。

2）对准位置。将自攻螺钉对准预钻的引导孔（或直接对准安装位置），确保螺钉与材料表面垂直。

3）旋转螺钉。使用螺钉旋具（手动或电动）顺时针旋转螺钉，将其旋入材料中。在旋入过程中，应保持螺钉垂直于材料表面，避免因倾斜导致螺纹损坏或螺钉松动。对于电动螺钉旋具，应注意控制扭矩和旋转速度，避免过紧或过松。

4）检查紧固度。安装完成后，轻轻摇动螺钉以检查其紧固程度。如果发现螺钉松动，应重新调整扭矩并再次旋紧。

3. 注意事项

1）选择合适的工具和材料。确保工具与螺钉相匹配，材料符合安装要求。

2）控制力度和角度。在安装过程中，注意控制旋转力度和角度，避免损坏材料或螺钉。

3）检查预钻孔。如果需要预钻孔，应确保孔的直径和深度合适。

4）遵循安装规范。根据具体的应用场景和安装要求，遵循相应的安装规范和标准。

7.4.5 木螺钉

木螺钉如图7-21所示，是专门针对木头而设计的紧固件，

图7-21 木螺钉

其螺杆上的螺纹为专用的木螺钉用螺纹，可以直接旋入木质构件（或零件）中，用于把一个带通孔的金属（或非金属）零件与一个木质构件紧固联接在一起。这种联接方式属于可拆卸联接，且固结能力比钉联接强。

1. 木螺钉的特点

1) 专用螺纹设计。木螺钉的螺纹是专门为木材设计的，其螺纹形状和间距与用于金属或其他材料的螺钉不同。这种设计使得木螺钉能够更容易地旋入木材中，并产生更强的握持力。

2) 高握持力。由于螺纹的特殊设计，木螺钉能够紧密地嵌入木材的纤维中，提供比普通钉子或螺钉更强的握持力。这使得木螺钉在联接木材时更加可靠，不易松动。

3) 可拆卸性。木螺钉的联接是可拆卸的，这意味着如果需要，可以轻松地将其从木材中取出，而不像钉子那样可能需要破坏木材才能移除。

4) 多种头部设计。木螺钉通常有多种头部设计（如圆头、平头、六角头等），可以适应不同的使用场景和需要。这些不同的头部设计可以提供更好的安装体验和更广泛的应用范围。

5) 适用性广。木螺钉不仅适用于软木（如松木、杉木等），也适用于硬木（如橡木、胡桃木等）和各种人造板材（如刨花板、密度板等）。广泛的适用性使得木螺钉成为木工和装修行业中不可或缺的紧固件。

6) 易于安装。木螺钉的安装相对简单，通常只需要使用螺钉旋具（手动或电动）即可轻松完成。这提高了工作效率，并降低了安装难度。

7) 防腐防锈。为了延长使用寿命，一些木螺钉会进行防腐防锈处理。这有助于防止螺钉在潮湿环境中生锈或腐蚀，从而保持其良好的紧固性能和外观。

2. 木螺钉的安装

1) 选择合适的木螺钉。根据需要支撑的重量、木材的厚度以及使用场合（室内或室外）来选择合适的木螺钉。一般来说，大型工具和物品需要更大尺寸和更多数量的螺钉，螺钉的直径通常在 3.5mm 左右。

2) 准备工具。除了木螺钉本身，还需要准备钻头（选择与螺钉大小适配的钻头）、螺钉旋具或扳手、水平尺（如果需要测量安装位置的话）等。

3) 确定安装位置。根据需要安装的物品的尺寸和重量，使用卷尺和直尺测量并标记出钻孔的位置和深度。

4) 钻孔。使用钻头在标记的位置钻孔，注意控制好钻头的深度和速度，防止损坏木材。如果木材的边缘较薄，可以先进行沉孔、锥孔处理，以避免螺钉将木头弄裂。

5) 拧紧螺钉。使用螺钉旋具或扳手旋转螺钉进行拧紧。需要注意的是，木螺钉的转动方向与顺时针方向相反。在拧紧过程中，应适当调整力度和旋转速度，以免螺钉断裂。同时，要确保螺钉的头部或螺纹不会被过度拧紧，因为这可能会使木材变形或损坏。

6) 检查安装效果。安装完成后，检查螺钉是否牢固，有无松动或歪斜现象。

3. 注意事项

1）在使用木螺钉时，需要确保木头没有朽坏或开裂，以免影响紧固效果。
2）安装时需要按照正确的步骤进行，避免过度拧紧或损坏螺钉。
3）定期检查和维护固定件，确保其处于良好的工作状态。

7.5 课后练习题

一、选择题

1. 螺钉的分类（　　　）。【多选题】
   A．平头螺钉　　　B．圆头螺钉　　　C．凸头螺钉　　　D．方头螺钉
2. 丝杠的分类（　　　）。【多选题】
   A．普通螺纹丝杠　B．滚珠丝杠　　　C．导轨丝杠　　　D．滑块丝杠

二、判断题

1. 球轴承是最常见的一种轴承，其内部装有一些小球，可在轴和壳之间传递负荷。
（　　）
2. 齿轮通常使用优质合金钢、碳素钢、不锈钢、黄铜等材料制造。（　　）

三、简答题

齿轮的分类有哪些？

7.6 实训练习

7.6.1 步进电动机模组的安装

步进电动机模组的安装步骤如下：
1）将滚珠丝杠、电动机、螺钉等部件准备齐全，如图 7-22 所示。

2）将滑动丝杠旋进滚珠内部，如图7-23所示。

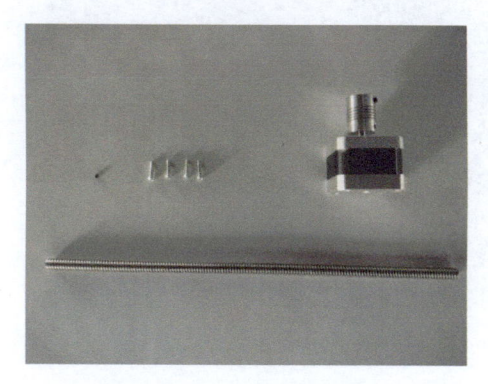

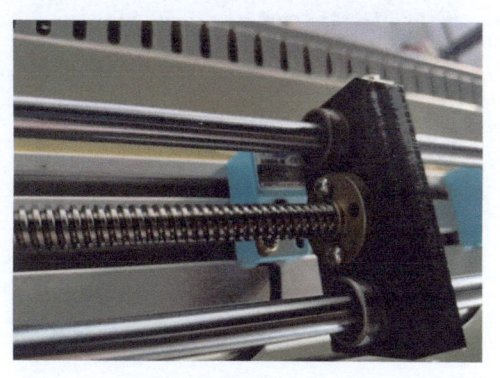

图7-22 准备好安装部件

图7-23 安装丝杠

3）安装步进电动机，用十字槽螺钉旋具将4个螺钉固定，如图7-24和图7-25所示。

图7-24 找好电动机安装位置

图7-25 用螺钉将电动机固定好

4）另外一端丝杠不要裸露在外面，用内六角扳手固定好两颗螺钉，如图7-26所示。

5）固定联轴器，将电动机轴与丝杠放进联轴器内，锁紧电动机轴与丝杠即可，如图7-27所示。

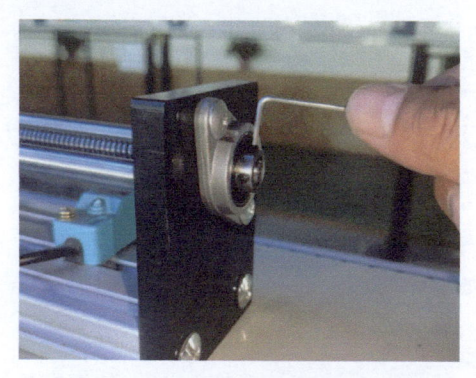

图7-26 调节好丝杠长度并固定

图7-27 用螺钉锁紧联轴器

6）插入步进电动机电源插头，如图7-28和图7-29所示。

图 7-28　找好电动机排线与电动机接线口　　　图 7-29　安装电动机排线

7.6.2　实训任务表

为了更好地掌握相关的技能，每个实训任务都要练习，为了不错过任何一个实训任务，请对照任务清单进行实训，见表 7-1。

表 7-1　实训任务清单

序号	实训内容	实际操作	操作确认
1	准备安装部件	将步进电动机、螺钉、丝杠等准备齐全	
2	安装滑动丝杠	将滑动丝杠安装在滑台内部	
3	安装步进电动机	用十字槽螺钉旋具将电动机 4 个螺钉固定	
4	固定滑动丝杠	用内六角扳手将丝杠固定	
5	安装联轴器	用内六角扳手将联轴器与丝杠锁紧	
6	安装电源线插头	将电动机电源线插头正确安装在电动机上	

注：确认无误后请在"操作确认"一栏打√。

第 8 章 电气装配常用元器件

知识要点

1. 熟悉低压断路器、熔断器的工作原理
2. 了解接触器、中间继电器、继电器模组、时间继电器的工作原理
3. 熟悉开关电源的种类

技能目标

1. 掌握低压断路器、熔断器的作用
2. 掌握接触器、中间继电器、继电器模组、时间继电器的作用
3. 掌握开关电源的作用

8.1 低压断路器、熔断器

8.1.1 低压断路器

低压断路器常用来保护电路中的各种电气设备,在现代机床控制中被广泛用作电源的引入开关,也可用来控制不频繁起动的电动机。小型低压断路器如图 8-1 所示。

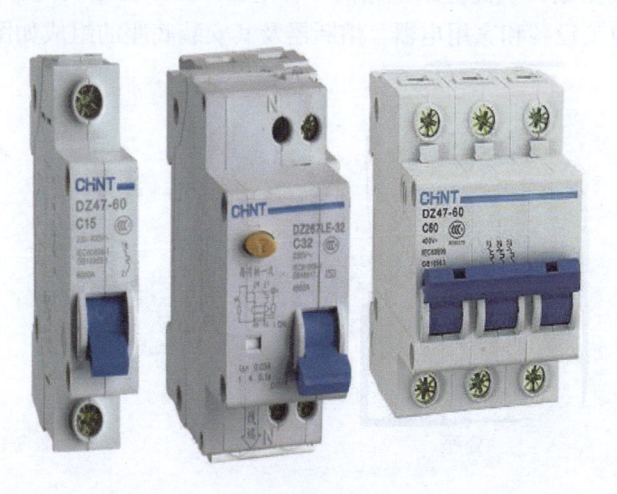

图 8-1 小型低压断路器

低压断路器的工作原理：低压断路器内部有电磁脱扣器、热脱扣器、欠电压脱扣器等部件，起到短路、过载、欠电压等保护作用，各脱扣器动作值一经调整好，不允许随意改变。小型单板低压断路器的结构如图8-2所示。

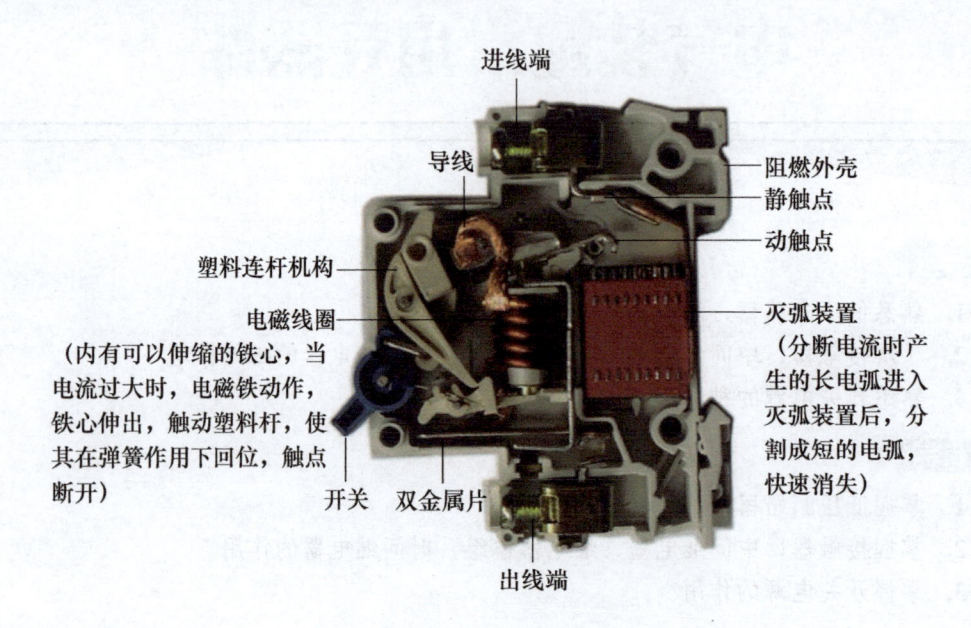

图8-2 小型单板低压断路器的结构

低压断路器的作用：它不但能带负载接通和分断电路，而且对所控制的电路有短路、过载、欠电压保护作用，有些品种还有漏电保护作用。

8.1.2 熔断器

熔断器俗称保险，在低压配电网络和电力拖动系统中用作短路保护。

熔断器工作原理：利用金属导体作为熔体串联于电路中，当过载或短路电流通过熔体时，因其自身发热而熔断，从而分断电路的一种电器。熔断器结构简单、使用方便，广泛用于电力系统、各种电工设备和家用电器。熔断器及其安装底座的组成如图8-3和图8-4所示。

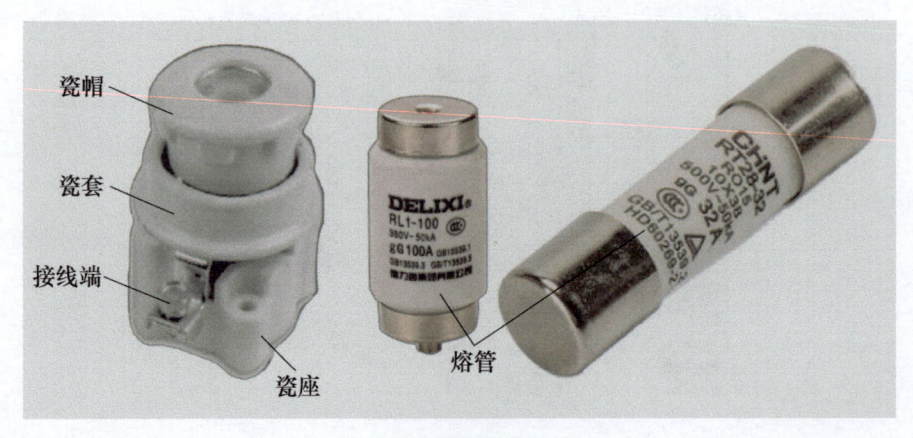

图8-3 熔断器的组成

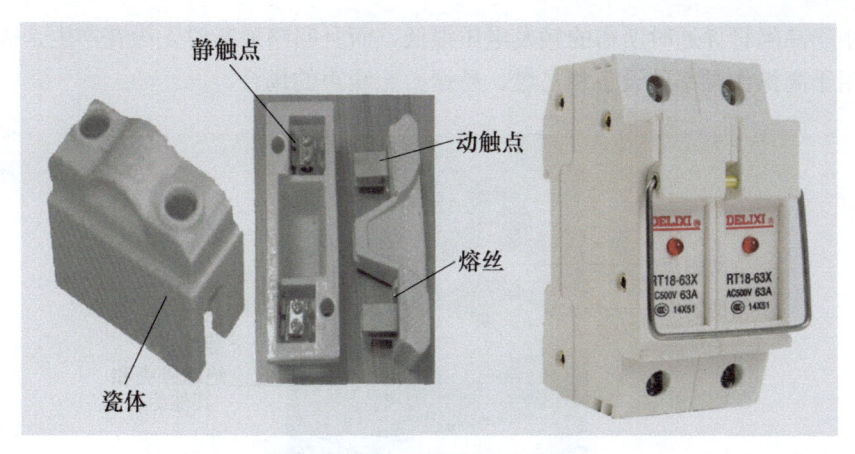

图 8-4 熔断器安装底座的组成

熔断器的作用：在电路中发生过载或短路时，通过熔断器内部的熔丝熔断来切断电路，以保护电路和电气设备的安全。当电路中的电流超过熔丝的额定电流时，熔丝就会熔断，从而切断电路，以免电路中的电流过大，导致电气设备损坏或发生火灾等。

8.2 常见的接触器和低压继电器

8.2.1 交流接触器

交流接触器有很多种不同的型号，在实际应用中，不同型号交流接触器的各项参数值都是不一样的，所能承受的工作条件和适应范围也是不一样的，所以只有了解和熟悉接触器的主要型号与技术参数，才能够在实际应用中根据用电设备的要求，进行合理、正确地选型、安装和检修。

1. 交流接触器的分类

交流接触器的种类很多，其分类方法也不尽相同。按照一般的分类方法，大致有以下几种。

1) 按主触点极数分，可分为单极、双极、三极、四极和五极接触器。单极接触器主要用于单相负荷，如照明负荷、焊机等，在电动机能耗制动中也可采用；双极接触器用于绕线转子式三相异步电动机的转子回路中，起动时用于短接起动转子绕组；三极接触器用于三相负荷，在电动机的控制等场合，使用较为广泛；四极接触器主要用于三相四线制的照明电路，也可用来控制双回路电动机负载；五极交流接触器用于自耦补偿起动器或控制双速电动机，以变换绕组接法。

2) 按灭弧介质分，可分为空气接触器、真空接触器等。依靠空气绝缘的接触器用于一般负载，而采用真空绝缘的接触器常用在煤矿、石油、化工企业及电压在 660V 和 1140V 等一些特殊的场合。

3) 按有无触点分，可分为有触点接触器和无触点接触器。常见的接触器多为有触点接触器（图 8-5），而无触点接触器属于电子技术应用的产物，一般采用晶闸管作为回路的通断元件。由于晶闸管导通时所需的触发电压很低,而且回路通断时无火花产生,因而无触点接触器可用于高操作频率的设备和易燃、易爆、无噪声的场合。

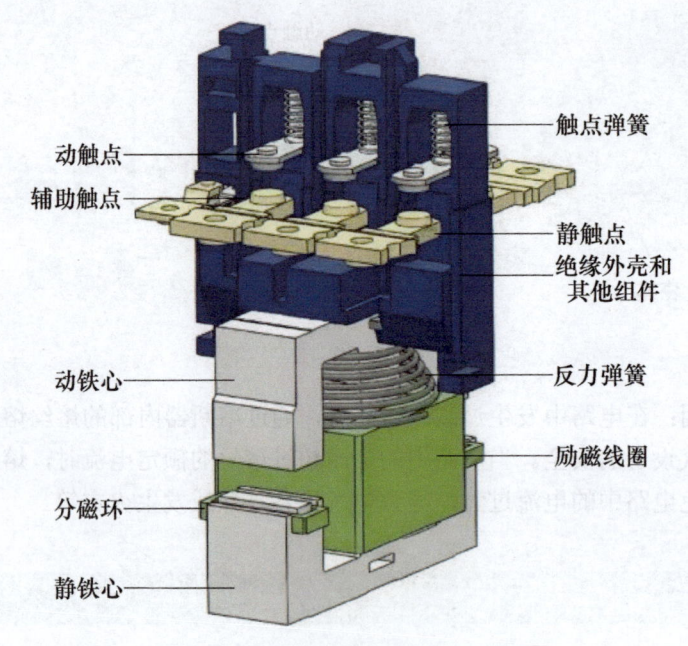

图 8-5 交流接触器(有触点接触器)

2. 交流接触器的结构

交流接触器主要由线圈、铁心(静铁心)、衔铁(动铁心)、主触点和辅助触点等组成。铁心由硅钢片叠成两个"山"字形,套有线圈,嵌入短路环。线圈电压可分为380V、220V、110V、36V、24V等,接线时必须看清楚。交流接触器主触点为常开触点,辅助触点有常开触点和常闭触点。主触点主要用于主电源电路,辅助触点主要用于控制回路。交流接触器的线圈及触点符号如图8-6所示。

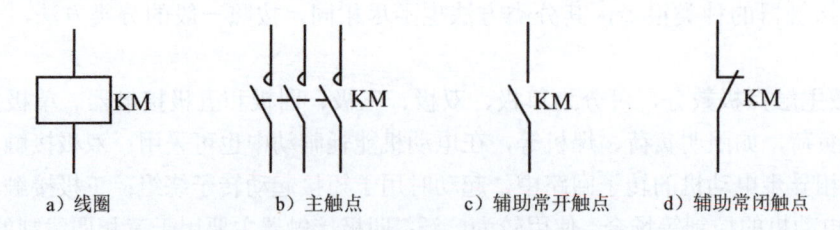

a)线圈　　b)主触点　　c)辅助常开触点　　d)辅助常闭触点

图 8-6 交流接触器的线圈及触点符号

3. 交流接触器的工作原理

交流接触器主要利用电磁力与弹簧弹力的配合,实现触点的接通和分断。交流接触器有两种工作状态:失电状态和得电状态。当交流接触器的线圈得电后,线圈中流过的电流会产生磁场,磁场会使静铁心磁化,从而产生足够的电磁吸力来克服弹簧的反作用力,将衔铁(动铁心)吸合。由于触点系统是与衔铁联动的,衔铁的移动会带动触头系统动作。也就是主触点和常开触点（动合触点）会闭合，而常闭触点（动断触点）会断开。当交流接触器的线圈失电时，电磁吸力消失，衔铁在复位弹簧的作用下复位，即恢复到未通电时的状态，衔铁的复位会带动触点系统反向动作，主触点和常开触点断开，常闭触点闭合。交流接触器的结构如图 8-7 所示。

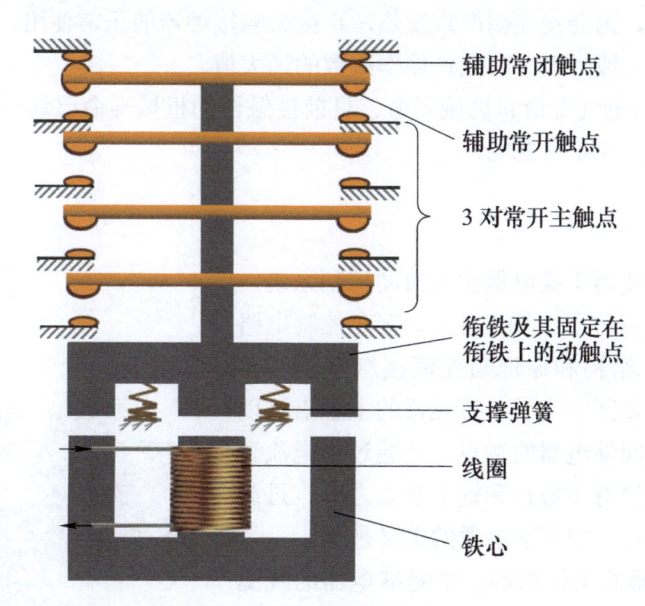

图 8-7 交流接触器的结构

4. 交流接触器的作用

用于频繁地接通和断开大电流电路。

5. 交流接触器的基本参数

1）额定电压：指主触点额定工作电压，应不低于负载的额定电压。接触器常规定几个额定电压，同时列出相应的额定电流或控制功率。通常，最高工作电压即为额定电压。常用的额定电压值有 220V、380V、660V 等。

2）额定电流：指接触器触点在额定工作条件下的电流值。380V 三相电动机控制电路中，额定电流（单位为 A）可近似等于控制功率（单位为 kW）的两倍。常用额定电流值有 5A、10A、20A、40A、63A、100A、150A、250A、400A、630A。

3）通断能力：以最大接通电流和最大分断电流表示。最大接通电流是指触点闭合时不会造成触点熔焊的最大电流值；最大分断电流是指触点断开时可靠灭弧的最大电流。一般该电流是额定电流的 5～10 倍。当然，这一数值与开断电路的电压等级有关，电压越高，通断能力越小。

4）动作值：以吸合电压和释放电压表示。吸合电压是指接触器吸合前，缓慢增加吸合线圈两端的电压，接触器可以吸合时的最低电压。释放电压是指接触器吸合后，缓慢降低吸合线圈的电压，接触器释放时的最高电压。一般规定，吸合电压不低于线圈额定电压的 85%，释放电压不高于线圈额定电压的 70%。

5)吸引线圈额定电压:接触器正常工作时,吸引线圈上所加的电压值。一般该电压值以及线圈的匝数、线径等数据均标于线包上,而不是标于接触器外壳铭牌上,使用时应加以注意。

6)操作频率:接触器在吸合的瞬间,吸引线圈需要消耗比额定电流大 5~7 倍的电流,如果操作频率过高,则会使线圈严重发热,直接影响接触器的正常使用。为此,规定接触器的允许操作频率,一般为每小时允许操作次数的最大值。

7)寿命:包括电气寿命和机械寿命。目前接触器的机械寿命已达一千万次以上,电气寿命约是机械寿命的 5%~20%。

8.2.2 中间继电器

中间继电器主要用于继电保护与自动控制系统,以增加触点的数量及容量(图 8-8)。它在控制电路中传递中间信号,结构和原理与交流接触器基本相同,与接触器的主要区别在于:接触器的主触点可以通过大电流,而中间继电器的触点只能通过小电流。中间继电器一般是没有主触点和辅助触点之分,过载能力比较小。新国标对中间继电器的定义是 K。

1)中间继电器的工作原理:中间继电器的线圈装在 U 形的导磁体上,导磁体上面有一个衔铁,两侧装有两排触点弹片,在非动状态下将衔铁向上托起,

图 8-8 中间继电器

使衔铁与导磁体之间保持一定的间隙,当气隙间的电磁力矩超过反作用力矩时,衔铁被吸向导磁体,同时衔铁压动触点弹片,使常闭触点断开、常开触点闭合,完成信号的传递。中间继电器的结构如图 8-9 所示。

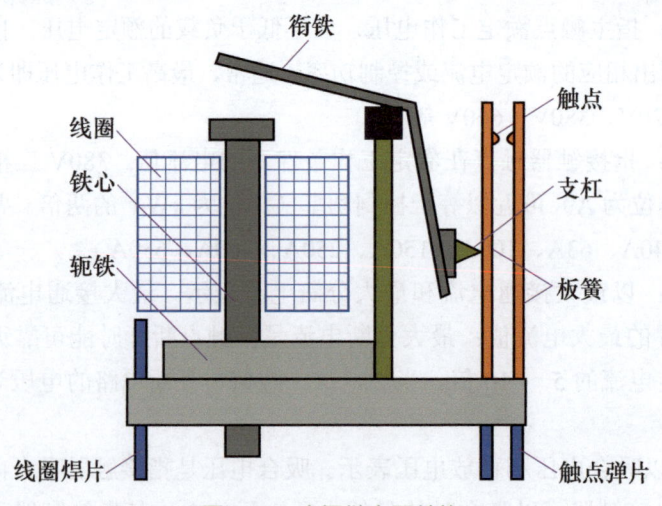

图 8-9 中间继电器结构

2)中间继电器的作用:中间继电器的体积和触点容量小,触点数目多,且只能通过小电流。所以,中间继电器一般用于控制电路。

8.2.3 继电器模组

继电器模组的工作原理主要基于电磁原理。它通常由铁心、线圈、衔铁和触点弹片等组成。工作原理和普通继电器一样。当线圈两端加上一定的电压时，线圈中会流过电流，产生电磁效应。这导致衔铁在电磁力的作用下克服返回弹簧的拉力，吸向铁心，从而带动衔铁，使动触点与静触点吸合。当线圈断电后，电磁的吸力消失，衔铁在弹簧的反作用力下返回原来的位置，使动触点复位，实现电路的切断与导通。继电器的"常开触点""常闭触点"可以根据线圈未通电时是否处于闭合状态来区分：未通电时，处于断开状态的触点称为"常开触点"，而处于接通状态的触点称为"常闭触点"。由于将多个继电器制作在一起，会占用较大的空间，所以模组上的继电器多采用固态继电器，固态继电器无机械触点，体积更小，响应更快。固态继电器模组如图 8-10 所示。

图 8-10　固态继电器模组

继电器模组的作用：继电器模组是一种多控制端口、多控制输入、运行可靠、实用性强的控制元件，它可以将线路的多个开关集中安装，用于控制电路的集成控制，一体化的设计使安装、接线、维护更方便，也节省安装空间。

8.2.4 时间继电器

时间继电器是指可以在得到指令后，自动延时一定时间才动作的继电器，有机械式和电子式两大类。机械式时间继电器主要是利用内置的气囊通过小孔缓慢排气使动作达到触点延时，或者用钟表结构达到较长时间的延时目的。电子式时间继电器现在使用较广泛（图 8-11），是利用电子电路达到延时，使继电器或其他类型开关延时启动。

图 8-11　电子式时间继电器

时间继电器的工作原理：时间继电器是一种利用电磁原理或机械原理实现延时控制的控制电器。当线圈通电时，衔铁及托板被铁心吸引而瞬时下移，使瞬时动作触点接通或断开。但是活塞杆和杠杆不能同时跟着衔铁一起下落，因为活塞杆的上端连着气室中的橡皮膜，当活塞杆在弹簧的作用下开始向下运动时，橡皮膜随之向下凹，上面空气室的空气变得稀薄会使活塞杆受到阻尼作用而缓慢下降。经过一定时间，活塞杆下降到一定位置，便通过杠杆推动延时触点动作，使动断触点断开、动合触点闭合。从线圈通电到延时触点完成动作，这段时间就是继电器的延时时间。延时时间的长短可以用螺钉调节空气室进气孔的大小来改变。吸引线圈断电后，继电器依靠恢复弹簧的作用而复原。机械式时间继电器的结构如图 8-12 所示。

时间继电器的作用：时间继电器在电路中起到延时闭合或断开的作用，时间继电器分两种，一种是通电延时，一种是断电延时。

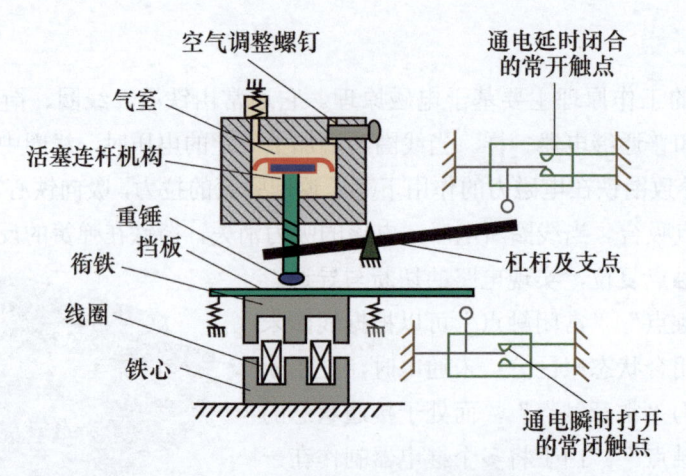

图 8-12 机械式时间继电器的结构

8.3 开关电源

开关电源（Switching Mode Power Supply），又称交换式电源、开关变换器，是一种高频化电能转换装置。其功能是将一个标准的电压，透过不同形式的架构转换为用户端所需求的电压或电流，如图 8-13 所示。

开关电源产品广泛应用于工业计算机、通信、工业控制、家电、新能源汽车、仪器仪表等领域。

开关电源的工作原理：基于高频开关器件（如 MOSFET 和 IGBT）的开关操作，当输入的交流电通过整流器得到半波或全波直流电后，电路中的控制芯片会发出高频脉冲信号，驱动开关器件快速地在电路中打开和关闭，使得直流电转换为高频脉冲信号，在输出端经过滤波电路后得到稳定的直流电。开关电源具有高效、体积小等优点，广泛应用于各种电子设备中。

图 8-13 开关电源

开关电源接线说明如图 8-14 所示。

图 8-14 开关电源接线说明

开关电源的作用：将交流电转换为直流电，并提供给各种电子设备使其工作。与传统的线性电源相比，开关电源具有效率高、体积小、质量小等优势，因此被广泛应用于计算机、通信、医疗、工业自动化等领域。同时，开关电源还能通过调节输出电压和电流来满足不同设备的要求，提供稳定可靠的电源支持。

8.4 课后练习题

一、选择题

1. 在选用交流接触器时，需要确定（　　）来决定具体型式。
   A. 额定工作电压　　　　　　　　B. 额定工作电流
   C. 辅助触点　　　　　　　　　　D. 极数和电流种类
2. 在开关电源中，控制电路的发展将主要集中到以下几个方面，其中错误的是（　　）。
   A. 高频化　　　B. 智能化　　　C. 小型化　　　D. 多功能化

二、判断题

1. 熔断器俗称保险，在低压配电网络和电力拖动系统中用作电路保护。（　　）
2. 低压断路器对所控制的电路有欠电压、过载、短路保护作用，有些品种还有漏电保护等作用。（　　）

三、简答题

中间继电器与交流接触器的区别是什么？

8.5 实训练习

8.5.1 常见电气元器件的安装

常见电气元器件的安装：首先必须认识元器件，只有认识元器件才能按照电气布局图来安装元器件。下面来认识一下电气布局图，如图 8-15 所示。

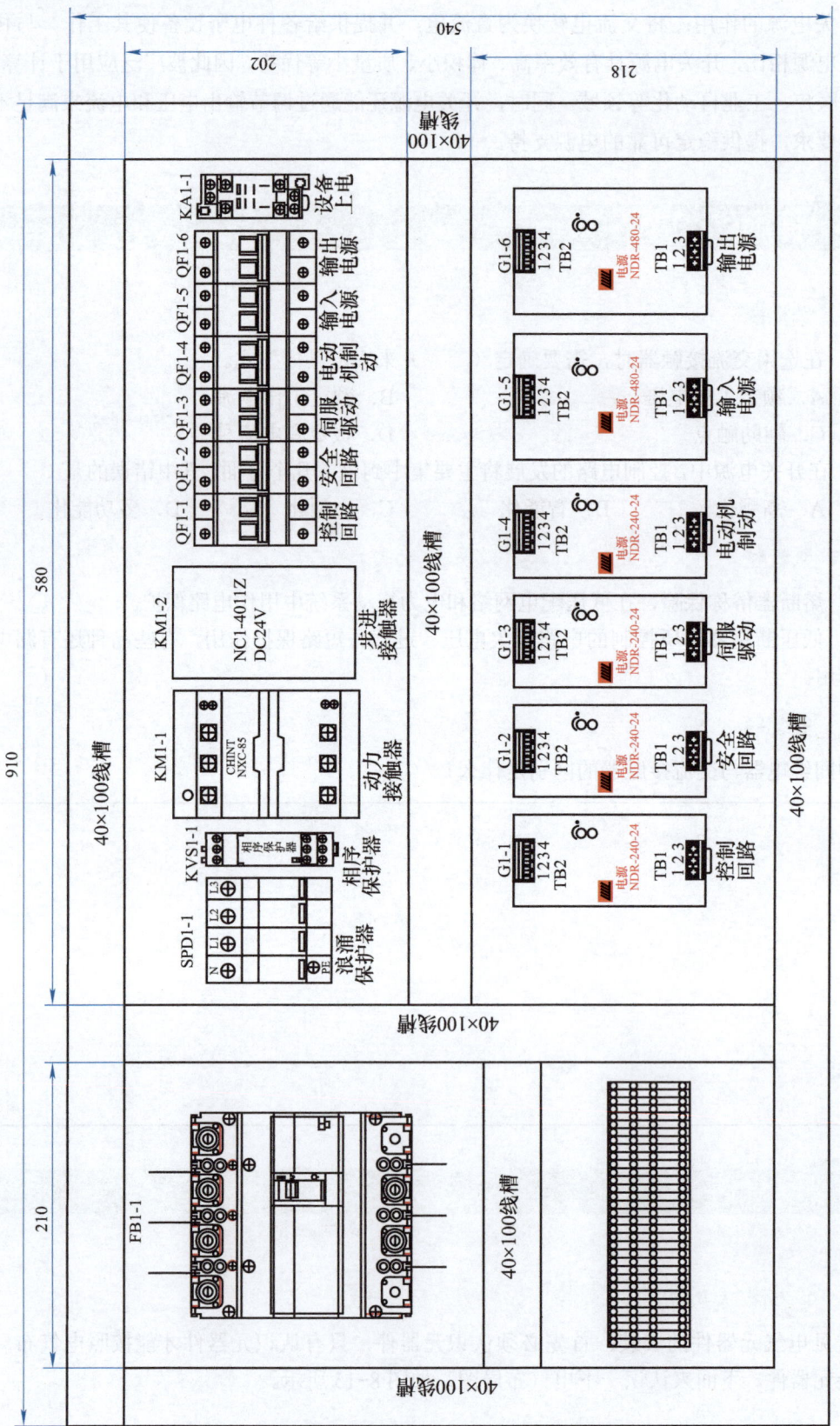

图 8-15 电气布局图

从图中可以很清晰地看到每个元器件的位置和型号,也可以看出每种元器件的外形大概是怎样的,但是,如果对元器件不认识或不熟悉的话,也很难找得到,比如图8-15最右边的4个伺服驱动器,虽有标明品牌和型号,但如若没见过伺服驱动器或不认识,就很难找得到。

接下来学习如何将元器件安装到导轨上。

1)断路器的安装。如图8-16所示,先将断路器上端扣到导轨上,然后用力按压下端即可将断路器安装在导轨上,如果按压不进去就用一字槽螺钉旋具将卡扣往外撬一点再按压。断路器的拆卸位置如图8-17所示。

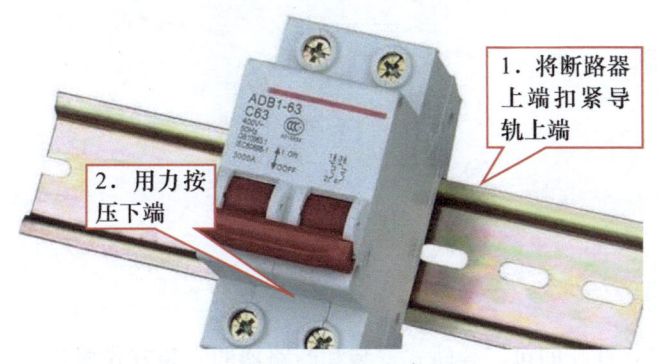

图 8-16　断路器的安装方式

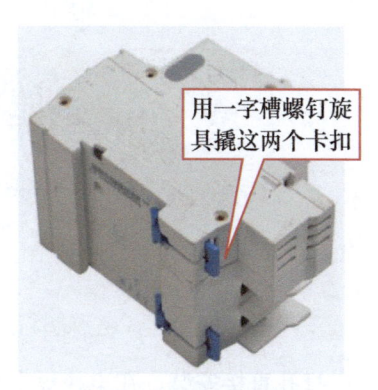

图 8-17　断路器的拆卸位置

2)熔断器的安装。熔断器的类型有很多种,较常用的是导轨式熔断器,熔断器的安装方式如图8-18所示。此种熔断器安装方便,安装方法和断路器一样,先将熔断器上端扣进导轨上端,再用力按压下端即可。而且更换熔体也很方便,用手拉出其上的盖即可更换熔体(图8-19)。

注意:更换熔体时必须先断电,绝对不允许带电作业。

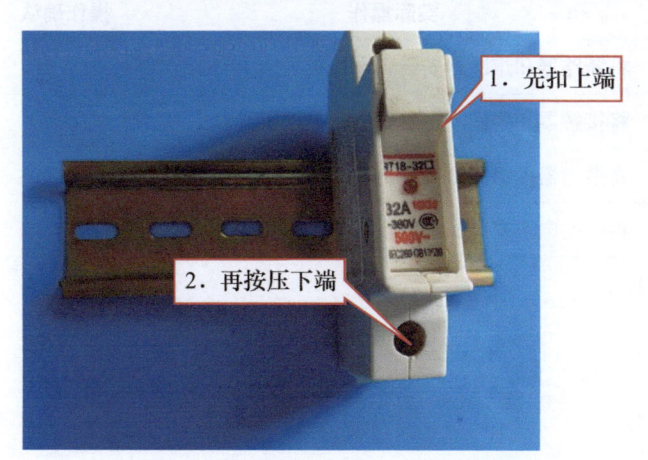

图 8-18　熔断器的安装方式

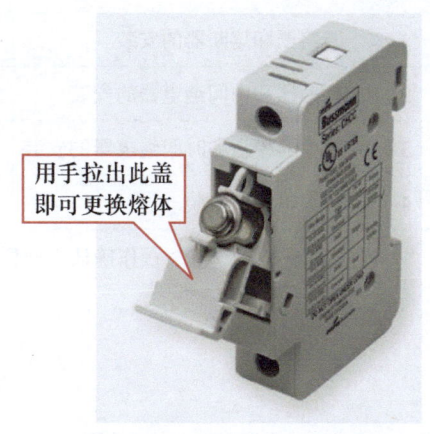

图 8-19　熔体的安装方式

3)接触器、中间继电器、继电器模组和时间继电器等元器件的安装方法与断路器的安装方法一样,都是导轨式的。

8.5.2 开关电源的安装

安装开关电源前要先确定其类型,因为开关电源的安装方式有两种,一种是打孔直接安装(图 8-20),另一种是导轨式安装(图 8-21)。

图 8-20 开关电源的螺钉安装孔　　　　图 8-21 导轨式开关电源的安装

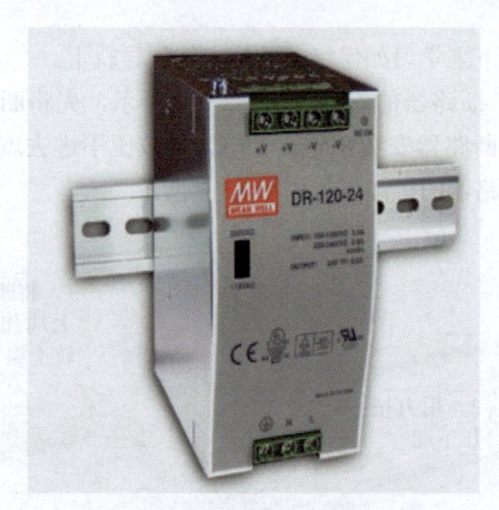

打孔直接安装,在电控板上按尺寸打孔即可;导轨式安装和断路器的安装方式相同。

8.5.3 实训任务表

为了更好地掌握相关的技能,每个实训任务都要练习,为了不错过任何一个实训任务,请对照任务清单进行实训,见表 8-1。

表 8-1 实训任务清单

序号	实训内容	实际操作	操作确认
1	断路器和熔断器的安装	将断路器和熔断器安装到电控板导轨上	
2	接触器和中间继电器的安装	将接触器和中间继电器安装到电控板导轨上	
3	继电器模组和时间继电器的安装	将继电器模组和时间继电器安装到电控板导轨上	
4	开关电源的安装	将开关电源安装到电控板上	

注:确认无误后请在"操作确认"一栏打√。

第 9 章

机械装配常用测量工具

知识要点

1. 认识卡尺
2. 认识千分尺
3. 认识百分表
4. 认识千分表
5. 认识万能角度尺、水平仪
6. 认识金属直尺、卷尺、直角尺

技能目标

1. 掌握卡尺的使用方法及读数
2. 掌握千分尺的使用方法及读数
3. 掌握百分表的使用方法及读数
4. 掌握千分表的使用方法及读数
5. 掌握万能角度尺、水平仪的使用方法及读数
6. 掌握金属直尺、卷尺、直角尺的使用方法及读数

9.1 卡尺

1. 卡尺的结构

卡尺是一种比较精密的测量工具，常用的是游标卡尺，主要用于测量工件的长度、内外圆直径、孔深。游标卡尺的结构由主标尺、游标尺、深度尺、内测量爪、外测量爪和制动螺钉等组成。其结构如图 9-1 所示。主标尺用于读取游标卡尺刻度线对应的整毫米数；游标尺用于读取游标尺刻度线对应的小数部分；深度尺用于测量零件的深度；内测量爪用于测量工件的内径；外测量爪用于测量工件的外径或工件的长度；制动螺钉用于固定游标卡尺位置。

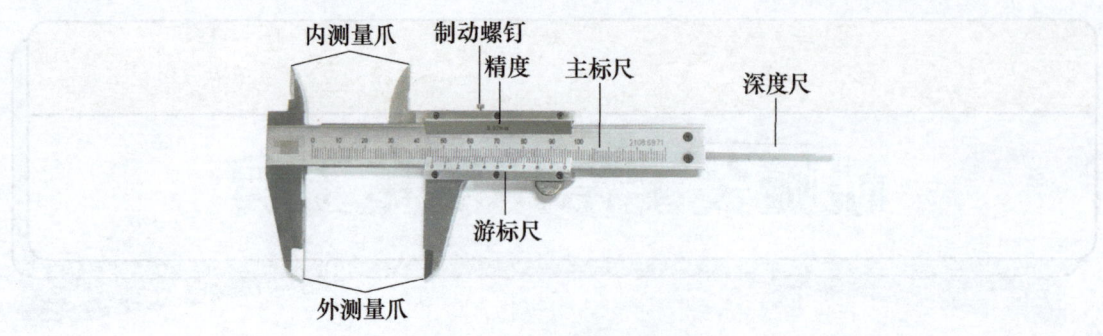

图 9-1 游标卡尺的结构

2. 卡尺的分类

卡尺按照其结构可分为游标卡尺、带表卡尺和数显卡尺。其外观如图 9-2 所示。

游标卡尺的读取原理是通过游标测微来进行的。游标卡尺按照精度来分，可分为 10 刻度、20 刻度和 50 刻度等。10 刻度的游标卡尺可精确到 0.1mm，20 刻度的游标卡尺可精确到 0.05mm，50 刻度的游标卡尺可精确到 0.02mm，市面上 50 刻度的游标卡尺比较常见。

带表卡尺的工作原理不再是游标测微方式，它通过齿条和齿轮机械将平移转变成放大后的转动来显示长度。

数显卡尺的测量方式跟游标卡尺类似，只是通过电子线路完成分度读取，从而代替人为读数，这部分是利用容栅位移传感器原理来实现的。在数显卡尺的主标尺部分固定有主栅，副栅固定在移动装置上。当主栅和副栅之间产生位移时，这个位移就会转换成数字量并通过电子数显器显示出来。

a）游标卡尺　　　b）带表卡尺　　　c）数显卡尺

图 9-2 不同类型的卡尺

3. 卡尺的使用方法与读数

（1）游标卡尺的使用方法

1）先检查主标尺与游标尺的零刻度是否可以重合，方法是将内、外测量爪并拢在一起查看。

2）测量时，右手拿住尺身，大拇指移动游标，左手取待测的工件，若要测量工件的长度，则将工件放在外测量爪之间，当工件与测量爪紧密相贴时，即可以读取数值。

（2）游标卡尺的读数方法

1）先看游标卡尺上的游标尺总刻度来确定精度，如 50 刻度的精度为 0.02mm、20 刻度的精度为 0.05mm、10 刻度的精度为 0.1mm。

2）读取游标尺零刻度线前主标尺的整毫米数。

3）在游标尺上查找出与主标尺刻度线对齐的那条线，并读出对齐线到游标尺零刻度线的小格数，将读取的小格数乘以游标的精度值就得到了小数部分。

4）将读取的整毫米数加上读取的小数部分就是游标卡尺的读数。

例如：图 9-3 所示的卡尺值，其读数 =25mm（主标尺整毫米数）+10（刻度对齐的小格子数）×0.02mm（精度值）=25.2mm。

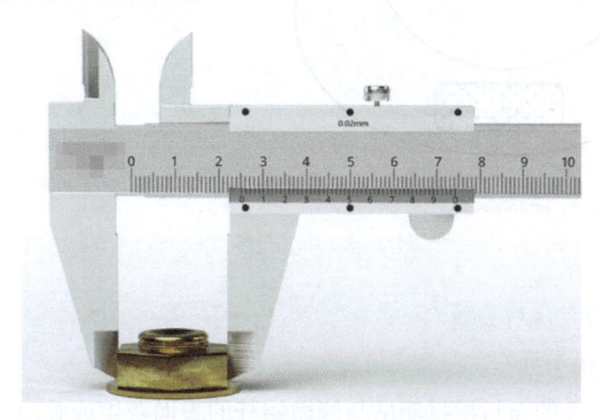

图 9-3　游标卡尺读数

（3）带表卡尺和数显卡尺的读数方法　带表卡尺和数显卡尺读数则比较简单，测量后直接通过表盘或者电子数显器显示，比如图 9-4 所示的数显卡尺，其读数为 11.75mm。

图 9-4　数显卡尺可直接读数

9.2　千分尺

1. 千分尺的结构

千分尺又称螺旋测微器，是一种比卡尺更精密的测量工具。用来测量精度要求更高的工件。它是依据螺旋放大的原理制成的，即螺杆在螺母中旋转一周，螺杆便沿着旋转轴线方向前进或后退一个螺距的距离。其结构如图 9-5 所示。根据不同的测量用途，可分为外径千分尺、两点内径千分尺、三爪内径千分尺、深度千分尺、电子数显内径千分尺等类型。

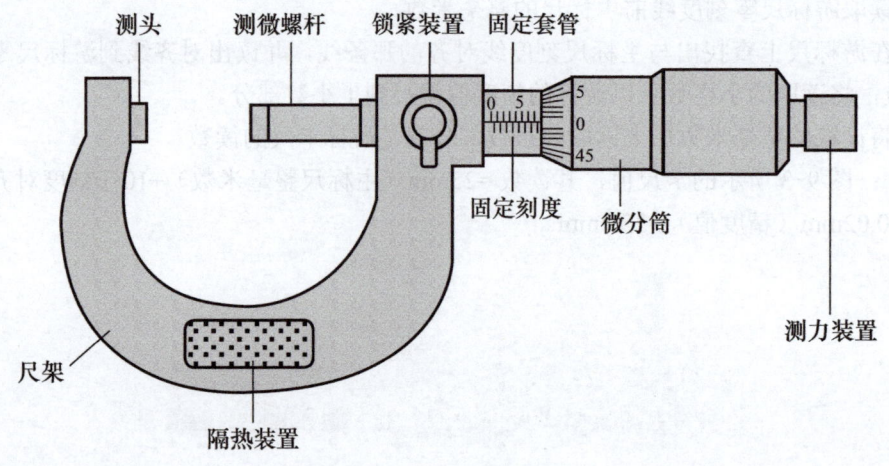

图 9-5 千分尺的结构

2. 千分尺的使用方法与读数

（1）千分尺的使用方法

1）测量前，用干净的布料擦拭测砧与测微螺杆的表面灰尘或脏污，以实现准确的测量。测量前检查固定套管中线和微分筒零线是否重合，如不重合则需要校验。

2）用左手的大拇指与食指夹住尺架的隔热装置，用右手的大拇指与食指捏住微分筒。

3）将工件夹在测砧与测微螺杆之间，转动测力装置，读取作为主刻度的固定套管与微分筒的示数。

（2）千分尺的读数方法

1）由固定套管上露出的刻度线读出工件的整毫米数。

2）从微分筒上由固定套管纵向刻度所对准的刻度线读出工件的小数部分，并将数值乘以 0.01mm。

3）将两次读出的数值相加就是工件的测量尺寸。

例：图 9-6 所示的数值，其测量值 = 12.0mm（固定套管整毫米数）+ 15×0.01mm（微分筒小数部分）= 12.15mm。

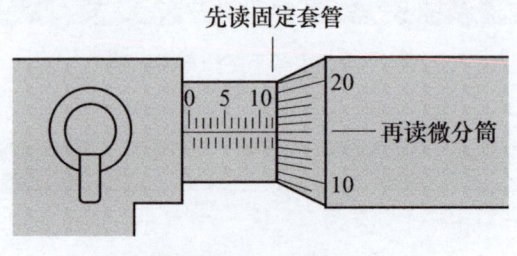

图 9-6 千分尺读数

若是带游标的千分尺，则在这基础上还要加上游标与微分筒对齐的小格数的 0.001 分度的数值。假如游标的 3 格刻度线对齐微分筒，就是在原来的基础上再加 0.003mm。

9.3 百分表

百分表属于指示表的一种，是机械长度测量工具中的一种精度较高的仪器，分度值为 0.01mm。主要用于测量工件的尺寸和形状、位置误差等。百分表的结构如图 9-7 所示。百分表也是一种比较性测量仪器，比如用于测定工件的偏差值，如零件平面度、圆度等。它是通过齿轮或杠杆将测杆的直线运动转换成指针的旋转运动，然后在刻盘上显示出来。

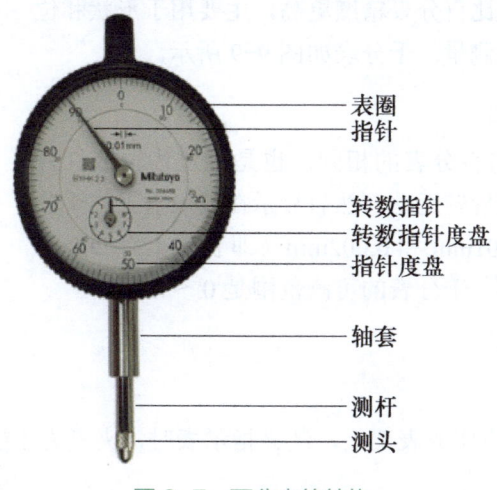

图 9-7 百分表的结构

百分表的使用方法和读数方法

1）百分表的使用方法。测量前调零，然后触碰测头看指针是否回归零位，如果能回到零位说明正常。比如测量工件平面度时，先将百分表固定在表架上（图 9-8），以测头抵住被测工件表面，调整表的测杆线，使之垂直于被测平面，并调节好测头，使其处在可产生一定的位移的状态，移动被测工件时观察百分表表盘上指针的偏转量，该偏转量即是被测平面的偏差尺寸或间隙值。在移动过程中，偏转越大说明零件平面度越大。

图 9-8 百分表的使用方法

2）百分表的读数方法。百分表大指针每转一格为 0.01mm，小指针每转一格为 1mm。

读数时先读小指针转过的刻度线,再读大指针转过的刻度线,并乘以分度值 0.01,然后两数值相加,即可得到所测量的数值。

9.4 千分表

千分表也属于指示表的一种,是机械长度测量工具中的一种精度较高的测量仪器,比百分表精度更高,主要用于形状和位置误差以及小位移的长度测量。千分表如图 9-9 所示。

1. 千分表的工作原理

千分表的工作原理与百分表的相同,也是通过齿轮或杠杆将测杆的直线运动转换成旋转运动,然后显示在仪表盘上。千分表表盘上的分度值有 0.001mm 和 0.002mm(即表盘上有 200 个或 100 个等分刻度)两种。千分表的可测范围是 0～1mm。

2. 千分表的使用方法

1)测量前调零。
2)将千分表固定在表座或表架上,装夹指示表时,夹紧力不能过大,以免套筒变形卡住测杆。
3)调整千分表的测杆轴线,使之垂直于被测平面。
4)测量时,用手轻轻抬起测杆,将工件放入测头下测量,不可以强行将工件推入测头下。
5)使用完毕后,应擦拭干净后放入专用盒内防止被压坏。

图 9-9 千分表

3. 千分表的读数方法

1)对于分度值为 0.001mm 的千分表,大指针每转一格为 0.001mm,小指针每转一格为 0.2mm。
2)读数时先读小指针转过的刻度线,再读大指针转过的刻度线,并乘以分度值,然后两数值相加,即可得到所测量的数值。读数时,如果大指针停在两刻度线之间,可以估读。

9.5 万能角度尺、水平仪

1. 万能角度尺

(1)万能角度尺的原理 万能角度尺又称角度规、游标角度尺和万能量角器(图 9-10),是利用游标读数原理来直接测量工件角度或进行划线的一种角度量具。万能角度尺适用于机械加工中的内、外角度测量,可测 0°～320°外角及 40°～130°内角。

万能角度尺的读数机构是根据游标原理制成的。主尺刻度线每格为 1°,游标的刻度线是取主尺的 29°

图 9-10 万能角度尺

等分为 30 格，因此游标刻度线角格为 29/30，即主尺与游标一格的差值为 2'，也就是说万能角度尺读数的精度为 2'。除此之外，还有 5' 和 10' 两种精度。

（2）万能角度尺的测量方法

1）测量 0°～50° 之间的角度，角尺和直尺全部装上，将产品的被测部分放在角尺和直尺的测量面之间进行测量，如图 9-11 所示。

2）测量 50°～140° 之间的角度（图 9-12），可把角尺卸掉，把直尺装上去，使其与扇形板连接在一起。将工件的被测部分放在基尺和直尺的测量面之间进行测量。也可以不拆下角尺，只把直尺和卡块卸掉，再把角尺拉到下面来，直到角尺短边与长边的交线和基尺的尖棱对齐为止。

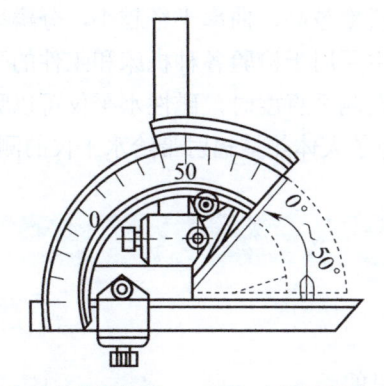

图 9-11　测量 0°～50° 之间的角度 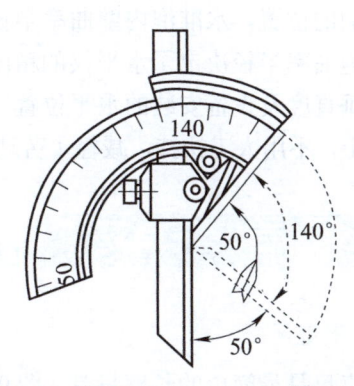　　　　图 9-12　测量 50°～140° 之间的角度

3）测量 140°～230° 之间的角度，把直尺和卡块卸掉，只装角尺，但要把角尺推上去，直到角尺短边与长边的交线和基尺的尖棱对齐为止。把工件的被测部位放在基尺和角尺短边的测量面之间进行测量，如图 9-13 所示。

4）测量 230°～320° 之间的角度，把直尺、角尺、卡块全部都卸掉，只留下扇形板和主尺（带基尺）。把产品的被测部分放在基尺和扇形板测量面之间进行测量，如图 9-14 所示。

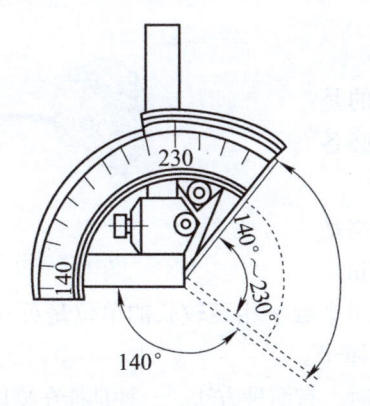

图 9-13　测量 140°～230° 之间的角度 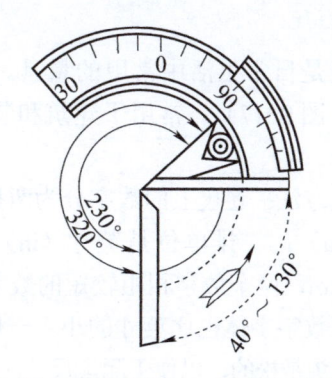　　　　图 9-14　测量 230°～320° 之间的角度

2. 水平仪

水平仪是一种测量小角度的常用量具，如图 9-15 所示。在机械行业和仪表制造中，用

于测量相对于水平位置的倾斜角、机床类设备导轨的平面度和直线度、设备安装的水平位置和垂直位置等。

水平仪按外形的不同可分为万向水平仪、圆柱水平仪、一体化水平仪、迷你水平仪、相机水平仪、框式水平仪、尺式水平仪;按水准器的固定方式又可分为可调式水平仪和不可调式水平仪。

工作原理:水平仪的水准泡由玻璃制成,其内壁是具有一定曲率半径的曲面,内部装有液体。当水平仪发生倾斜时,水准泡中的气泡就向水平仪升高的一端移动,从而确定水平面的位置。水准泡内壁曲率半径越大,分辨率越高,曲率半径越小,分辨率越低,因此水准泡曲率半径决定了水平仪的精度。水平仪主要用于检验各种机床和工件的平面度、直线度、垂直度及设备安装的水平位置等。特别是在测垂直度时,磁性水平仪可以吸附在垂直工作面上,不用人工扶持,减轻了劳动强度,避免了人体热量辐射带给水平仪的测量误差。

图 9-15　水平仪

9.6　金属直尺、卷尺、直角尺

1. 金属直尺

金属直尺是最简单的长度量具(图 9-16),常见的长度有 150mm、300mm、500mm 和 1000mm 等。

金属直尺用于测量零件的长度尺寸,其缺点就是测量结果不太准确。这是由于金属直尺的刻度线间距为 1mm,而刻度线本身的宽度就有 0.1~0.2mm,所以测量时读数误差比较大,只能读出毫米数,即它的最小读数值为 1mm,比 1mm 小的数值,只能估读。

图 9-16　金属直尺

2. 卷尺

卷尺是日常生活中常用的量具。大家经常看到的是钢卷尺(图 9-17),常用于建筑和装修,也是家庭必备工具之一。

计量方法:卷尺上的数字分为两排,一排数字单位是厘米(cm),一排单位是英寸(in),1cm ≈ 0.3937in,1in=2.54cm,两个数字相距较短的数字单位是厘米,两个数字相距较长的单位是英寸,单位是厘米的数字字体也比英寸的小,一般使用的单位是厘米。

图 9-17　钢卷尺

卷尺头是松的,以便于测量尺寸,用卷尺测量尺寸时,有两种方法。一种是挂在物体上,一种是顶到物体上。卷尺头部松的目的就是在其顶在物体上时,能将头部铁片的厚度补偿出来。

3. 直角尺

直角尺的测量面和基面相互垂直(图 9-18),用来绘制或检验直角,有时也用于划线。

直角尺适用于机床、机械设备及零部件的垂直度检验、安装加工定位和划线等,是机械行业中的重要测量工具,它的特点是精度高、稳定性好、便于维修。

图 9-18 直角尺

9.7 课后练习题

一、选择题

1. 精度为 0.1mm 的游标卡尺,游标尺量程为 9mm,当其中最末一条刻度线与主标尺的 44mm 对齐,则游标卡尺上的第 5 条刻度线所对的主标尺的刻度为(　　)。

  A．35.0mm   B．39.5mm   C．43.4mm   D．35.4mm

2. 在测量长度的实验中,某同学的测量结果为 3.240cm,请问该同学用的测量工具可能是(　　)。【多选题】

  A．毫米刻度尺   B．精度为 0.1mm 的游标卡尺

  C．精度为 0.05mm 的游标卡尺   D．精度为 0.02mm 的游标卡尺

二、判断题

1. 卡尺按照结构可分为三种,游标卡尺、带表卡尺和数显卡尺。(　　)
2. 百分表是机械长度测量工具中的一种精度较高的仪器,分度值为 0.1mm。(　　)

三、简答题

请简述游标卡尺的结构组成。

9.8 实训练习

9.8.1 PLC 实训平台

要做一台和现在 PLC 实训平台一样的设备，我们需要测量 PLC 平台的外观尺寸，也要测量平台中钣金的尺寸。通常来说，既然是做一样的设备，那么机架的尺寸应该也是一样的，这些值均可用卷尺测量。

1）PLC 实训平台设备如图 9-19 所示。

2）用卷尺测量 PLC 实训平台设备的长度，测量尺寸约为 180cm，如图 9-20 所示。

图 9-19　PLC 实训平台设备 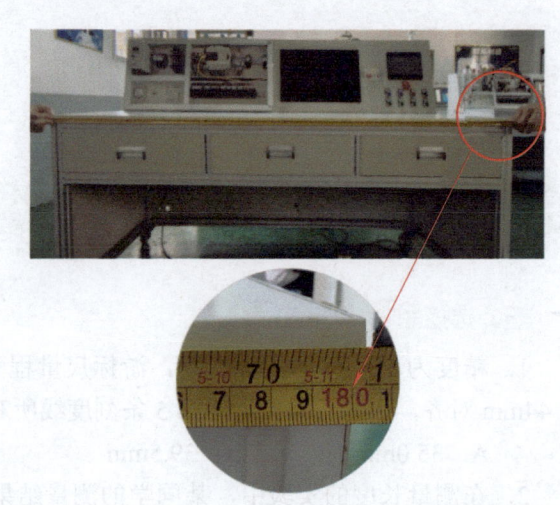　　　　图 9-20　用卷尺测量 PLC 实训平台设备的长度

3）用卷尺测量 PLC 实训平台设备的宽度，测量尺寸约为 68cm，如图 9-21 所示。

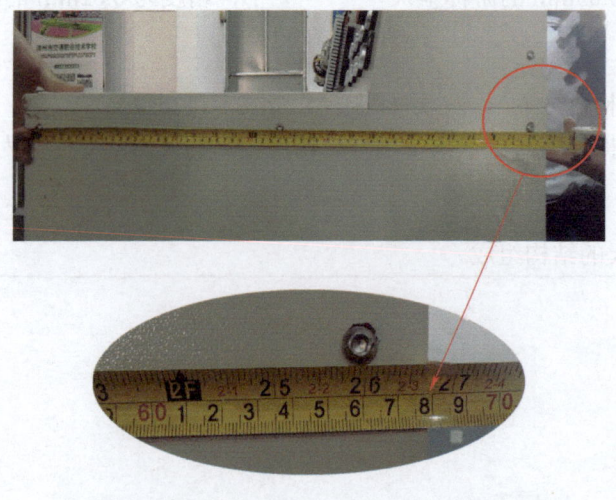

图 9-21　用卷尺测量 PLC 实训平台设备的宽度

4）用卷尺测量 PLC 实训平台设备的高度，测量尺寸约为 107.5cm，如图 9-22 所示。

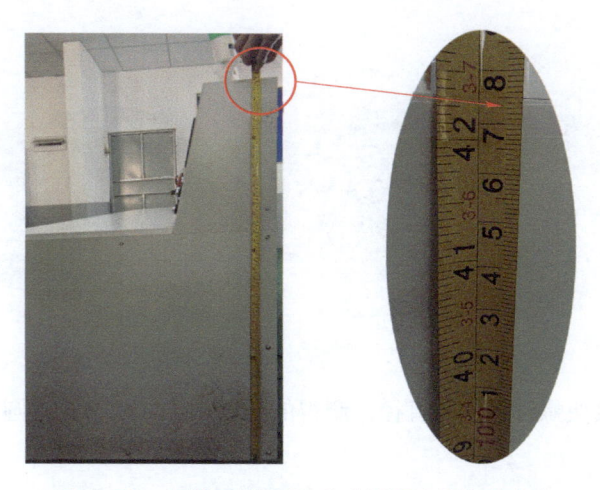

图 9-22 用卷尺测量 PLC 实训平台设备的高度

9.8.2 测量实训平台上机器人末端的吸盘加工件尺寸

用卡尺测量机器人末端吸盘加工件，如图 9-23 所示。

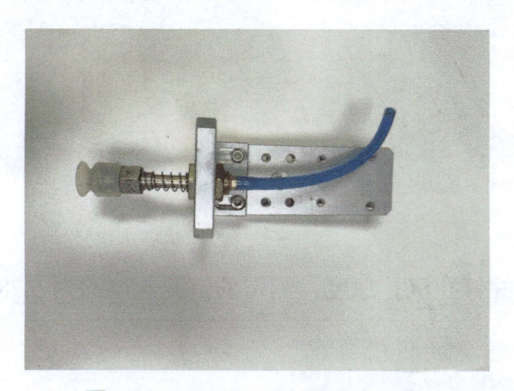

图 9-23 机器人末端吸盘加工件

具体测量步骤如下：
1）测量吸盘外圆的直径，测得的外径约为 15.00mm，如图 9-24 所示。

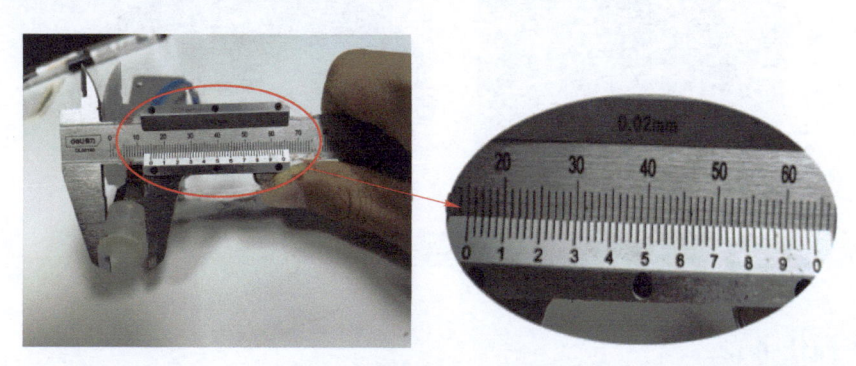

图 9-24 测量吸盘外圆的直径

2）测量吸盘连接块的宽度，测得的宽度约为 38.04mm，如图 9-25 所示。

109

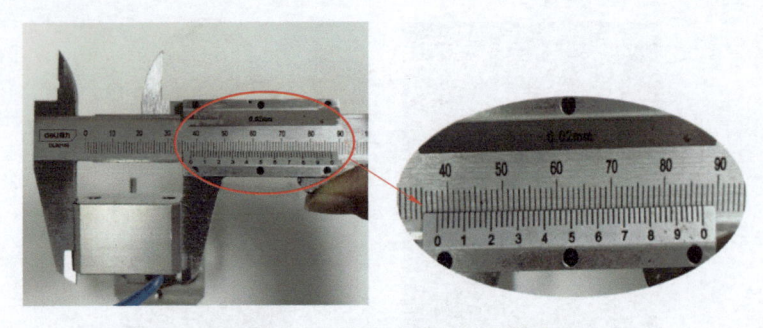

图 9-25 测量吸盘连接块的宽度

3）测量吸盘连接块螺钉孔内圆直径，测得的固定加工件螺钉孔内圆直径约为 10.00mm，如图 9-26 所示。

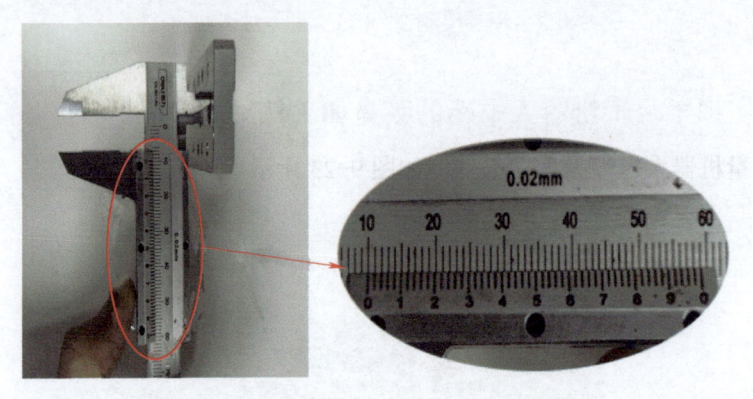

图 9-26 测量吸盘连接块螺钉孔内圆直径

4）测量吸盘连接块螺钉孔沉孔深度，测得的沉孔深度约为 5.78mm，如图 9-27 所示。

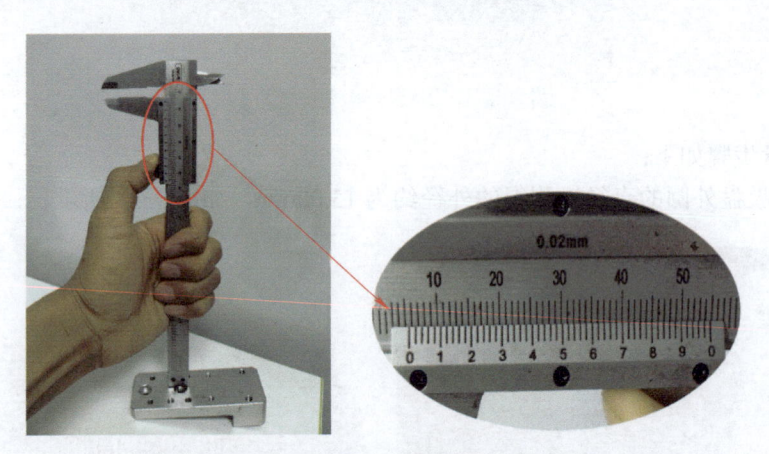

图 9-27 测量吸盘连接块螺钉孔沉孔深度

9.8.3 实训任务表

为了更好地掌握相关的技能，每个实训任务都要练习，为了不错过任何一个实训任务，请对照任务清单进行实训，见表 9-1。

表9-1 实训任务清单

序号	实训内容	实际操作	操作确认
1	测量PLC平台外观尺寸	用卷尺测量PLC平台的长、宽、高以及元件安装部分的尺寸并做好记录	
2	测量机器人末端吸盘加工件	测量吸盘外圆的直径	
		测量固定加工件的宽度	
		测量固定加工件螺钉孔内圆直径	
		测量固定加工件螺钉孔沉孔深度	

注：确认无误后请在"操作确认"一栏打√。

第 10 章

电气装配常用仪表

知识要点

1. 熟悉常用多用表的型号与作用
2. 熟悉指针、数字多用表，钳形电流表，绝缘电阻表的型号与使用方法

技能目标

1. 掌握多用表的使用方法和注意事项
2. 掌握钳形电流表的使用方法以及读数方法
3. 掌握绝缘电阻表的使用方法和注意事项

10.1 多用表

10.1.1 多用表分类

多用表是一种多功能、多量程的测量仪表。一般多用表可测量直流电流、直流电压、交流电压、电阻和音频电平等，有的还可以测量交流电流、电容、电感及多半导体的一些参数。

1）常用的多用表有指针多用表和数字多用表两种。指针多用表是以机械表头为核心部件的多功能测量仪表，所测数值由表头指针指示读取；数字多用表所测数值由液晶屏幕直接以数字的形式显示，同时还带有某些语音的提示功能。

2）多用表按外形划分，有台式多用表、指针多用表、钳形多用表和数字多用表等，如图 10-1 所示。

a）台式多用表　　b）指针多用表　　c）钳形多用表　　d）数字多用表

图 10-1　多用表的种类

3）指针多用表和数字多用表的优缺点。指针多用表的读数精度较数字多用表稍差，但指针摆动的过程比较直观、明显，其摆动速度和幅度有时也能比较客观地反映被测量值的大小和方向。数字多用表灵敏度高，准确度高，显示清晰，过载能力强，便于携带，使用更简单。

10.1.2 指针多用表的使用方法

指针多用表的型式很多，但基本结构是类似的。指针多用表主要由表头、转换开关（又称选择开关）、测量线路等部分组成，如图10-2所示。

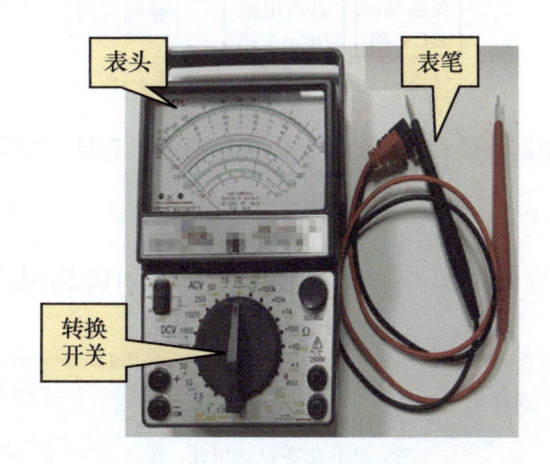

图10-2 指针多用表的组成

1）表头，是测量时的显示装置。多用表的表头实际上是一个灵敏电流计，表头的表盘刻度线名称如图10-3所示。

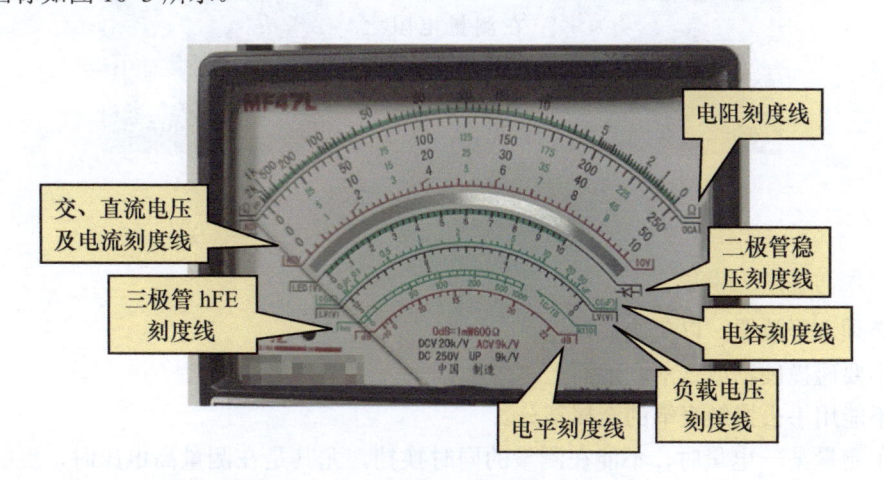

图10-3 多用表的表盘刻度线名称

注：hFE是指共发射极低频小信号输出交流电路电流放大系数。

2）转换开关，用于选择被测电量的种类和量程（或倍率），如图10-4所示。转换开关可以用来选择各种不同的测量线路，以满足不同种类和不同量程的测量要求。

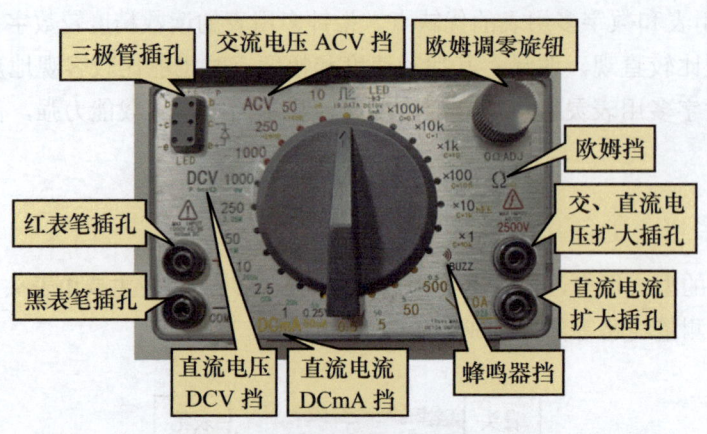

图 10-4 多用表操作部分的名称

3）测量线路，将不同性质和大小的被测电量转换为表盘显示的范围内的直流电流。

10.1.3 指针多用表使用的注意事项

指针多用表使用前要先机械调零，测量电阻时要先欧姆调零，如图 10-5 所示。

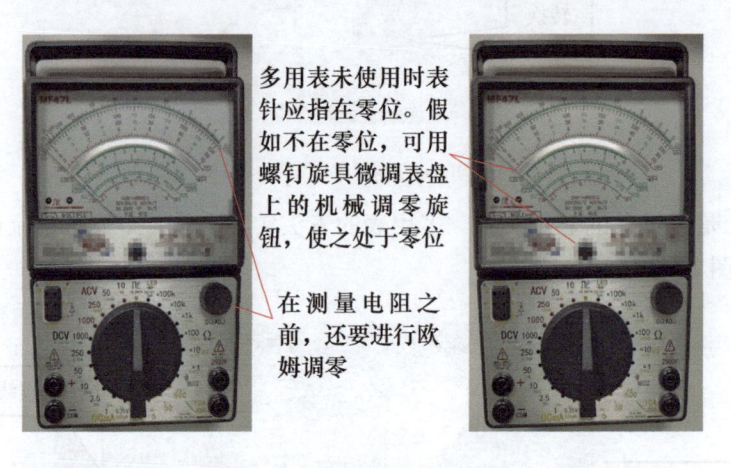

图 10-5 多用表的指针调零

1. 使用时的注意事项

1）必须水平放置，以免造成误差。
2）不要碰撞硬物或跌落到地面上。
3）不能用手去接触表笔的金属部分。
4）在测量某一电量时，不能在测量的同时换挡，尤其是在测量高电压时，更应注意。否则，会使多用表毁坏。如需换挡，应先断开表笔，换挡后再去测量。

2. 表笔的正确接法

1）红表笔与"+"极性插孔相连，黑表笔与"-"或"*"或"COM"极性插孔相连，如图 10-6 所示。此时测量的为 500mA 以下的电流和 1000V 以下的电压。

图 10-6　多用表常用挡的表笔连接

2）测量直流电时，注意正、负极性，以免指针反转。

3）测电流时，仪表应串联在被测电路中；测电压时，仪表应并联在被测电路两端。

4）测量晶体管时，应牢记多用表的红表笔与表内电池的负极相接；黑表笔与表内电池的正极相接。

5）标有"10A"字样的插孔为大电流插孔，当测量 500mA ～ 10A 范围内的电流时，红表笔应插入该插孔，如图 10-7 所示。

6）标有"2500V"字样的插孔为高电压插孔，当测量 1000 ～ 2500V 范围内的电压时，红表笔应插入此插孔，如图 10-8 所示。

图 10-7　多用表测大电流时表笔的连接 　　　　图 10-8　多用表测大电压时表笔的连接

3. 正确选择测量挡位

1）测电压时，应将转换开关放在相应的电压挡；测电流时，应将其放在相应的电流挡等。

2）选择电流或电压量程时，最好使指针处在标度尺 2/3 以上位置；选择电阻量程时，最好使指针处在标度尺的中间位置。

3）测量时，如果不确定被测数值范围，应先将转换开关转至对应的最大量程，然后根据指针的偏转程度逐步减小至合适的量程。

4. 使用后的注意事项

1）多用表使用完毕后，如果没有空挡，应将转换开关置于最高交流电压挡；如果有空

115

挡("*"或"OFF"），则应拨至该挡。

2）多用表长期不用时，应将表内电池取出，以防电池电解液渗漏而腐蚀内部电路。

10.1.4 数字多用表的使用方法

数字多用表已成为主流，有取代指针多用表（模拟式仪表）的趋势。与指针多用表相比，数字多用表灵敏度高、准确度高、显示清晰、过载能力强、使用更简单。

下面以 VC890D 型数字多用表为例，简单介绍其使用方法，数字多用表的组成、挡位选择开关和插孔的认识如图 10-9～图 10-11 所示。

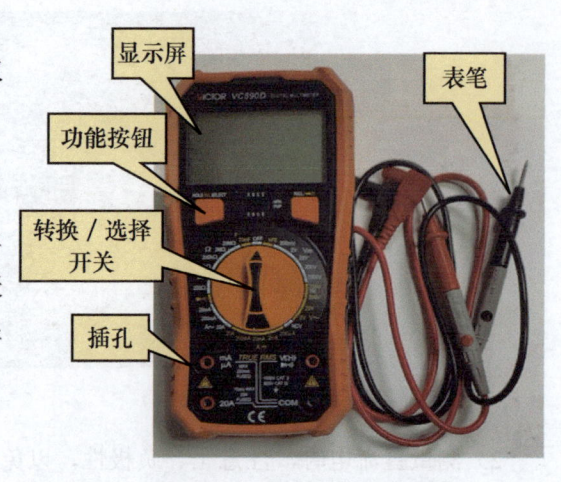

图 10-9 数字多用表的组成

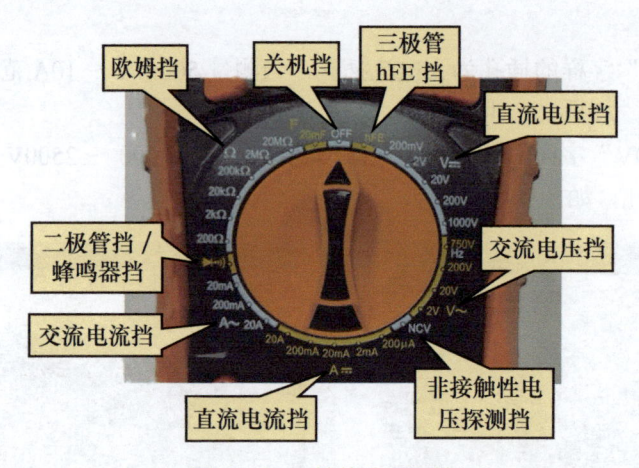

图 10-10 挡位选择开关

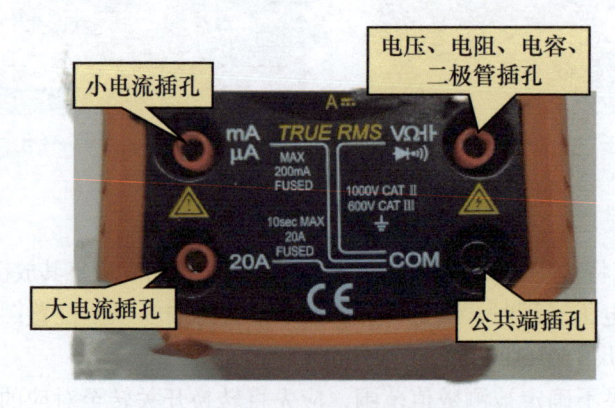

图 10-11 插孔的认识

表笔的正确接法

1）红表笔与"V"或"Ω"或"蜂鸣器"极性插孔相连，黑表笔与"COM"极性插孔相连，这些都是常用插孔如图 10-12 所示。此时测量的为电压、电阻、电容和二极管。

2）红表笔与"mA""μA"极性插孔相连，黑表笔与"COM"极性插孔相连，如图 10-13 所示。此时测量的电流最大值不能超过 200mA。

图 10-12　插孔 1（常用插孔）　　　　图 10-13　插孔 2（小电流插孔）

3）红表笔与"20A"极性插孔相连，黑表笔与"COM"极性插孔相连，如图 10-14 所示。此时测量的最大电流为 20A 且测试时间不能超过 10s。

图 10-14　插孔 3（大电流插孔）

10.1.5　数字多用表使用的注意事项

1）如果无法预先估计被测电压或电流的大小，则应先将转换开关拨至最高量程挡测量一次，再视情况逐渐把量程减小到合适位置。测量完毕，应将转换开关拨到最高电压挡，并关闭电源。

2）满量程时，仪表仅在最高位显示数字"1"，其他位均消失，这时应选择更高的量程。

3）测量电压时，应将数字多用表与被测电路并联。测电流时应将数字多用表与被测电路串联，测直流量时不必考虑正、负极性。当误用交流电压挡去测量直流电压，或者误用直流电压挡去测量交流电压时，显示屏将显示"000"，或低位上的数字出现跳动。

4）禁止在测量高电压（220V 以上）或大电流（0.5A 以上）时换量程，以防止产生电弧，烧毁开关触点。

5）要注意选择合适的电流量程，由大到小来测试，避免选择错误的量程导致仪表损坏。

6）当显示"BATT"或"LOW BAT"时，表示电池电压低于工作电压。

7）注意不要用手直接触摸表笔，避免触电，以及影响测量数据的精准度。

8）多用表使用完毕，应将转换开关置于交流电压的最大挡。如果长期不使用，还应将多用表内部的电池取出来，以免电池腐蚀表内其他器件。

10.1.6 多用表的使用经验

1. 用多用表测漏电的经验

用多用表的电阻挡测量地线与被测量电路的中性线或相线之间的电阻值，即使多用表显示有阻值，也不能判断为不绝缘。实际上，测漏电应该用绝缘电阻表。这是因为多用表测量时，表笔两端的电压很低，一般不超过9V，无法有效检测出间隙漏现象；而绝缘电阻表提供的电压可以达到500V及以上。将多用表的表笔正确插入测量交流电时应对应的接线柱，然后用一支表笔测中性线或者地线，另一支表笔测怀疑漏电的地方，观察多用表的读数，如果是0V，说明此处无漏电、无电压；如果显示220V或者其他超过36V的电压，则说明此处不安全，有漏电的现象。

用多用表电阻挡200Ω挡测量绝缘电阻，先确定是哪根线漏电，或者哪两根线短路。

方法如下：测量相线和中性线的绝缘电阻，测量相线对地线的绝缘电阻，测量中性线对地线的绝缘电阻。如果短路绝缘电阻基本为零，知道哪根线漏电了，再用分段查找法，逐步缩小故障范围。或者用排除法，把线路分开后一段一段地通电试验。

2. 用多用表区分中性线和相线的经验

鉴别中性线和相线，一般采用低压验电笔，但用多用表也能区分相线和中性线（此方法存在一定的危险性，需要在专业人员的指导下进行）。

将多用表的量程开关拨至交流电压250V或500V挡。黑表笔接室内的自来水管或地面等潮湿的地方，红表笔与电源线或电源插座孔接触，多用表指示的电压值较高的为相线，电压值较低或为零的为中性线。

3. 用数字多用表测量中性线和相线的经验

用多用表可以很方便地测量出家里的中性线和相线，使用数字多用表、钳形多用表、指针多用表的交流电压挡即可。将多用表量程开关调到交流电压挡（应该所有的多用表都有这样的功能，量程从200mV到750V，一般选择250V挡，有的钳形多用表没有250V挡，可以选择更大一点的量程）。

例如，指针多用表挡位可以选择250V的挡位，调好后将红、黑表笔分别接到V、COM插孔中（平时测量家电220V电压的插孔），将黑表笔线在左手绕2～3圈，当然，越多越好。注意，此时黑表笔金属针千万不要碰到手，以防电击。然后就可以测试了。右手拿红表笔分别测插座或者中性线和相线，记下两次测量的结果，两者之间肯定有一大一小的电压，测得的大电压值就是相线，小电压值就是中性线。如果测量地线，电压值会更小甚至没有（要看是否接了地线），通过电压测量值来区别中性线和相线，一目了然。

10.2 钳形电流表

钳形电流表是一种用于测量电缆、导体等电流大小的钳形装置,用钳形电流表测电流的场景如图 10-15 所示。

10.2.1 钳形电流表的使用方法

1)正确选择钳形电流表的挡位,选择交流电流挡,如图 10-16 所示。

图 10-15 用钳形电流表测电流 　　　图 10-16 选择钳形电流表的挡位

2)打开钳形电流表的钳口,如果将其按图 10-17 所示的方法接入被测电路,是错误的,这样测不出电路的消耗电流,而是在测电路的泄漏电流,正常情况下为 0。

3)打开钳形电流表的钳口,按图 10-18 所示的方法将其正确接入被测电路。此时便可测到所用电器的实际电流了。只能将被测电路的单根电源线穿过钳口,可分两次分别测试两根线缆,两次被测值理论上应相等,否则电路不正常,泄漏电流较大。图 10-18 中所测电路的实际电际值为 4.5A。

图 10-17 钳形电流表接入被测电路的错误接法 　　　图 10-18 钳形电流表接入被测电路的正确接法

10.2.2　钳形电流表使用的注意事项

钳形电流表的挡位一定要选择正确，应选交流电流，错选成直流电流将使测量结果错误。测量启动电流时，一定要在所用电器启动前按下"INRUSH"键，然后在启动所用电器后读数，否则测不到最大启动电流。

1）在使用钳形电流表时，应当先仔细了解钳形电流表的使用说明书，包括操作方法、各个按钮的作用，清楚掌握钳形电流表所测试的最高电压或电流等重要参数。然后认真查看钳形电流表的外表有无损坏，以及钳形电流表的清洁度，尤其是绝缘部分和表笔的放置位置。注意，每次测量之前都需要查看钳形电流表的开关是否正确以及表笔的插孔是否选择正确。

2）当一切检查完之后，在保证钳形电流表完好的情况下，需要对被测的电流大小进行大概的预估，选择的钳形电流表挡位要大于预估值。在刚开始使用钳形电流表时，可能会出现跳数的不稳定现象，需要等一段时间，待显示值稳定后再读数。

3）在使用钳形电流表时，应根据所测的不同电路调整好挡位，手拿钳形电流表的绝缘部分，用大拇指把钳口开关按住，这时，钳形电流表的钳口就会张开，然后把要测的导线小心地放入钳形电流表的钳口中央，再把钳口开关松开，钳形电流表的铁心就会自动呈现闭合状态。被测导线中的电流，在钳形电流表铁心的作用下产生交变磁场，从钳形电流表中测出的导线中的电流数值就会显示在显示屏上，等到数值处于稳定状态时直接读数即可。如果在测量过程中，导线在放入钳形电流表的钳口中央时产生杂声，应将导线重新取出放置一下，但不能同时放入两根导线，以确保计数的准确性。

4）在测量结束之后，需要把钳形电流表的电流挡位调到最大，从而避免下次使用之前，忘记高挡位而损坏钳形电流表。而且，钳形电流表作为一种精密的测量仪器，在使用完毕之后，应当保管在安全、干燥的地方，并且远离能够产生磁场的物体，从而保证钳形电流表的测量精准性。如果对钳形电流表的使用方法不了解，禁止一个人单独操作。

10.3　绝缘电阻表

绝缘电阻表是电工常用的一种测量仪表（图10-19），主要用来检查电气设备、家用电器或电气线路对地及相间的绝缘电阻，以保证这些设备、电器和线路工作正常，避免发生触电伤亡及设备损坏等事故。绝缘电阻表还可以用来测量高值电阻，它由手摇发电机、表盘和3个接线端（即线路端L、接地端E、屏蔽端G）组成⊖，如图10-20所示。

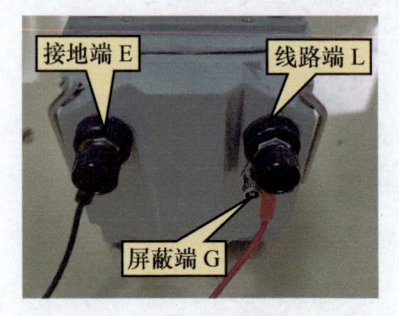

图10-19　绝缘电阻表　　　　图10-20　绝缘电阻表的接线端

⊖　目前应用较多的绝缘电阻表为数字式的，手摇式的逐渐被取代。

10.3.1 绝缘电阻表的使用方法

1）测量前必须将被测设备的电源切断，并对地短路放电。决不能让设备带电进行测量，以保证人身和设备的安全。对可能感应出高压电的设备，必须消除这种可能性才能进行测量。

2）要对被测物表面进行清洁，以减少接触电阻，确保测量结果的准确性。

3）测量前应将绝缘电阻表进行一次开路和短路试验，检查绝缘电阻表是否良好。也就是说，在绝缘电阻表未接上被测物之前，将"线（L）和地（E）"分开（图10-21），摇动手柄使发电机达到额定转速（120r/min），观察指针是否指在标尺的"∞"位置。如果指针不能指到"∞"位，表明绝缘电阻表有故障，应检修后再用。

将"线（L）和地（E）"短接（图10-22），缓慢摇动手柄，观察指针是否指在标尺的"0"位。如果指针不能指到"0"位，表明绝缘电阻表有故障，应检修后再用。

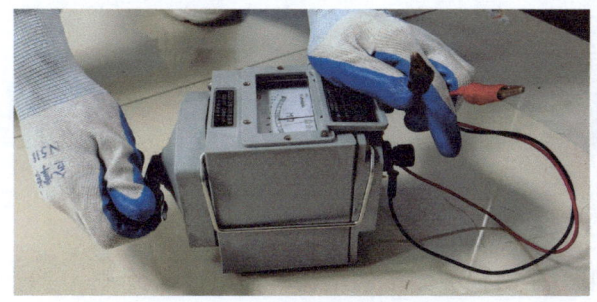

图 10-21 绝缘电阻表开路测试 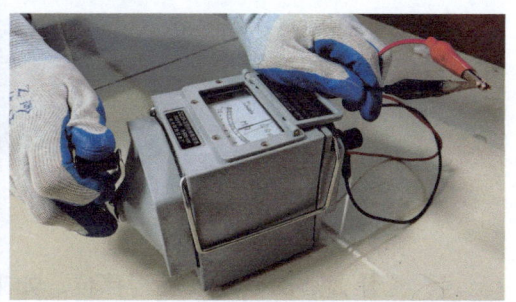　　图 10-22 绝缘电阻表短路测试

4）绝缘电阻表使用时应放在平稳、牢固的地方，且远离大的外电流导体和外磁场。

5）摇测时将绝缘电阻表置于水平位置，摇柄转动时两表笔不许短接。摇动手柄应由慢渐快。绝缘电阻表的摇测姿势如图10-23所示。指针稳定后读数。绝缘电阻表表盘如图10-24所示。若发现指针指"0"，说明被测物体绝缘层可能发生了短路，这时就不能继续摇动手柄，以防表内线圈发热损坏。

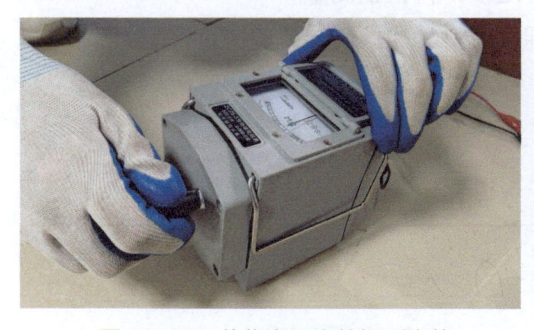

图 10-23 绝缘电阻表的摇测姿势 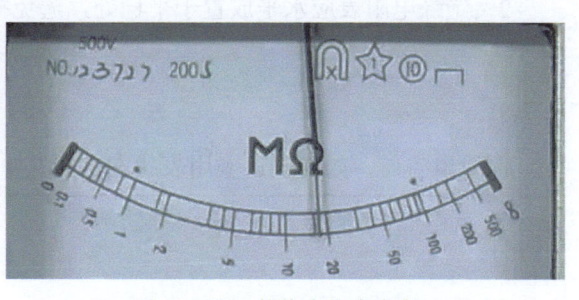　　图 10-24 绝缘电阻表表盘

6）读数完毕，将被测设备放电。放电方法是将测量时使用的地线从绝缘电阻表上取下与被测设备短接一下（不是绝缘电阻表放电）。

10.3.2 绝缘电阻表使用的注意事项

1）禁止在有雷电时或高压设备附近测绝缘电阻，只能在设备不带电，也没有感应电的情况下测量。

2）摇测过程中，被测设备上不能有人工作。

3）绝缘电阻表的测量引线不能绞在一起，要分开。

4）绝缘电阻表未停止转动之前或被测设备未放电之前，严禁用手触及。拆线时，也不要触及引线的金属部分。

5）测量结束时，对于大电容设备要放电。

6）绝缘电阻表接线柱引出的测量软线绝缘应良好，两根导线之间和导线与地之间应保持适当距离，以免影响测量精度。

7）为了防止被测设备表面泄漏电流，使用绝缘电阻表时，应将被测设备的中间层（如电缆壳芯之间的内层绝缘物）接于保护环。

8）要定期校验其准确度。

10.4 课后练习题

一、选择题

1．选择合适的多用表量程挡位，如果不能确定被测量的电流时，应该选择（　　）去测量。

　　A．任意量程　　　B．小量程　　　C．大量程　　　D．随意

2．多用表量程转换开关的选择应遵循先（　　）后（　　），量程从大到小的原则。

　　A．量程，挡位　　B．电压，电流　　C．挡位，量程　　D．大，小

二、判断题

1．使用多用表测量时，如需换挡，应先断开连接，再换挡测量。（　　）

2．绝缘电阻表应水平放置于平稳处，避免摇动时抖动和倾斜导致的测量误差。
（　　）

三、简答题

测量电阻前，如何确认多用表状态良好？

10.5 实训练习

10.5.1 绝缘电阻的测量

机器人平台设备电源绝缘电阻测量的具体步骤如下：

1）把设备电源总开关断开，如图 10-25 所示。如果不确定中性线是否断开，那么就将断路器进线端或出线端拆开，如图 10-26 所示。

图 10-25　断开设备电源总开关

图 10-26　拆除断路器进线端

2）拆开电源端，摇测相线与地线之间的绝缘电阻，接线如图 10-27 所示。固定绝缘电阻表，并由慢渐快摇动手柄，待达到额定转速 120r/min 后读数（图 10-28），对比相应的参数看是否合格。

图 10-27　相线与地线的接线

图 10-28　固定绝缘电阻表并进行摇测（相线与地线）

3）摇测中性线与地线之间的绝缘电阻，接线如图 10-29 所示。固定绝缘电阻表，并由慢渐快摇动手柄，待达到额定转速 120r/min 后读数（图 10-30），对比相应的参数看是否合格。

图 10-29　中性线与地线的接线

图 10-30　固定绝缘电阻表并进行摇测（中性线与地线）

4）摇测相线与中性线之间的绝缘电阻，接线如图10-31所示。固定绝缘电阻表，并由慢渐快摇动手柄，待达到额定转速120r/min后读数（图10-32），对比相应的参数看是否合格。

图10-31　相线与中性线的接线 　　图10-32　固定绝缘电阻表并进行摇测（相线与中性线）

10.5.2　电容器、半导体元件的测量

1. 电容器的测量

电容器是电路中常用的一种电子元件，被广泛地应用于各种电子设备中。电容器一般分为电解电容器和普通电容器两种，电解电容器有正负极之分，普通电容器则没有。电解电容器通常有一个标记来指示正极和负极。在大多数电解电容器上，正极会有一个较长的引脚，负极会有一个较短的引脚。此外，电解电容器的外壳上通常都会写清楚"+"（正极）和"-"（负极），就写在两个接线柱旁边，如图10-33所示。测量电容的方法有许多种，不同的测量方法对于不同的电容器型号有不同的适用性。接下来来讲解如何使用多用表测量电容。

1）先将电容器放电（可以用接小灯泡或接电阻的方式来放电），如图10-34所示。

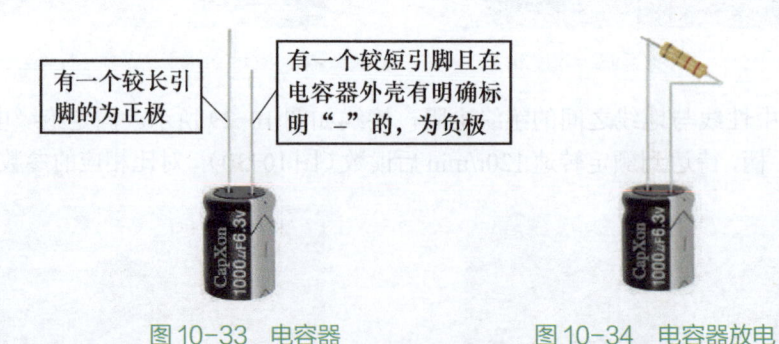

图10-33　电容器　　图10-34　电容器放电

2）在多用表上选择电容挡位，如图10-35所示。

3）连接电容器的两个引脚，注意极性（电解电容器），一定不能接反，如图10-36所示。

4）等待数秒，多用表会自动测量并显示电容值，如图10-37所示。

图 10-35　选择电容挡位　　　　图 10-36　电解电容器的连接

图 10-37　多用表显示电容值

5）如果显示的电容值与待测电容参数相近，则表明电容器正常可用，若显示的电容值远小于待测电容参数，则该电容器不能正常使用，需要及时更换。

2. 半导体元件的测量

半导体元件有很多，下面只讲解二极管和三极管的测量。

1）二极管的测量（图 10-38）。将数字多用表调到二极管挡位，黑表笔接二极管正极，红表笔接二极管负极，二极管正向导通，电阻值在 500～700Ω 之间，不同性能的二极管电阻值有所偏差。

图 10-38　二极管的测量

反过来，黑表笔接二极管负极，红表笔接二极管正极，如出现电阻值无穷大，代表二极管性能正常。无论正反向，测量结果不能出现 0，0 代表击穿短路。

2）三极管的测量。三极管是含有两个 PN 结的半导体器件。根据两个 PN 结连接方式的不同，三极管可以分为 NPN 型和 PNP 型。

测试三极管需要使用多用表，将数字多用表调到二极管挡位（指针式多用表调到欧姆挡"R×1K"），如图 10-39 所示。其中。多用表红表笔所连接的是表内电池的负极，黑表笔连接的是表内电池的正极。

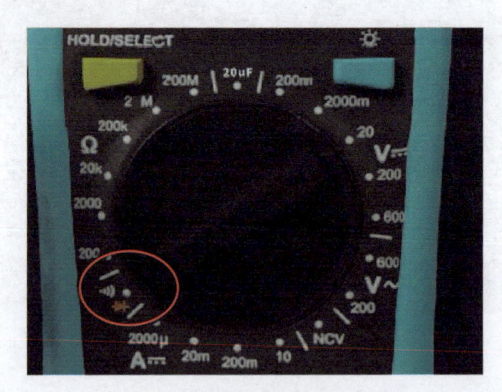

图 10-39　选择二极管挡位

具体测量步骤如下：

①找基极。假定我们并不知道被测三极管是 NPN 型还是 PNP 型，也分不清各管脚是什么电极。测试的第一步是判断哪个管脚是基极。这时任取两个电极（如这两个电极为 1、2），用多用表的两支表笔颠倒测量其正、反向电阻，观察数值变化，如图 10-40 所示；接着，再取 1、3 两个电极和 2、3 两个电极，分别颠倒测量它们的正、反向电阻，观察数值变化，如图 10-41 和图 10-42 所示。

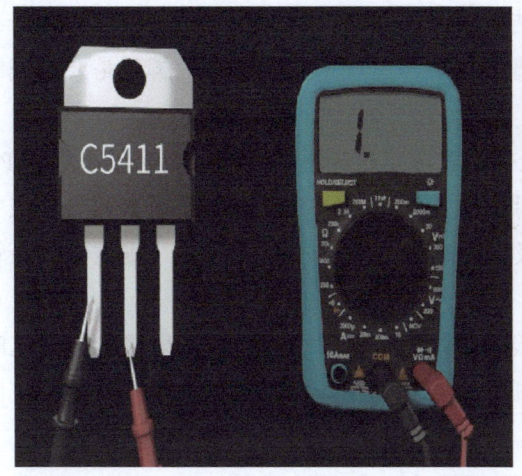

图 10-40 测量 1、2 电极正、反向电阻

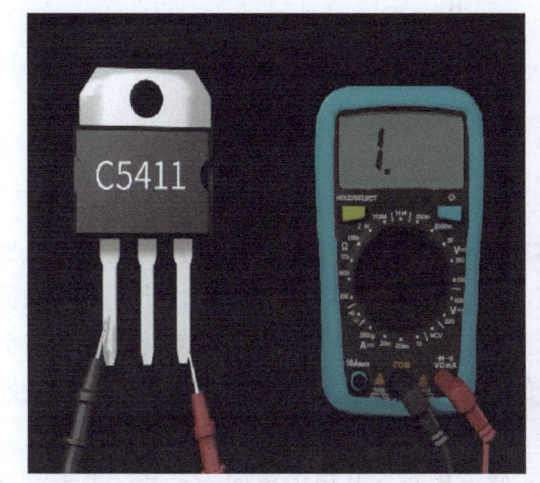

图 10-41 测量 1、3 电极正、反向电阻

图 10-42 测量 2、3 电极正、反向电阻

在这三次颠倒测量中，必然有两次测量结果相近，即颠倒测量中一次数值较大，一次数值较小；剩下一次必然是颠倒测量前后数值都很小，这次未测的那只管脚就是要寻找的基极。

② 利用 PN 结定管型。找出三极管的基极后，就可以根据基极与另外两个电极之间 PN 结的方向来确定管子的导电类型。将多用表的黑表笔接触基极，红表笔接触另外两个电极中的任一电极，若数值都很大，则说明被测三极管为 PNP 型；若数值都很小，则被测三极管为 NPN 型。

③ 顺箭头。找出了基极 B，另外两个电极哪个是集电极 C，哪个是发射极 E 呢？这时可以用测穿透电流（ICEO）的方法确定集电极 C 和发射极 E。两种类型的三极管电流流向如图 10-43 所示。

NPN 型三极管　　　PNP 型三极管

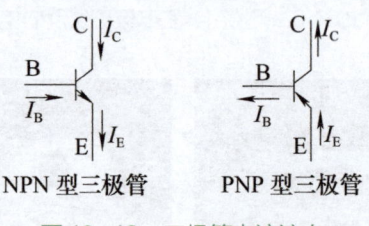

图 10-43　三极管电流流向

对于 NPN 型三极管，用多用表的黑、红表笔颠倒测量两极间的正、反向电阻，虽然两次测量中多用表数值都很大，但仔细观察，总会发现有一次数值较小，此时电流的流向一定是：黑表笔→C 极→B 极→E 极→红表笔，电流流向正好与三极管符号中的箭头方向一致（顺箭头），所以此时黑表笔所接的一定是集电极 C，红表笔所接的一定是发射极 E。

对于 PNP 型的三极管，道理类似于 NPN 型三极管，其电流流向一定是：黑表笔→E 极→B 极→C 极→红表笔，其电流流向也与三极管符号中的箭头方向一致，所以此时黑表笔所接的一定是发射极 E，红表笔所接的一定是集电极 C。

④ 判断三极管的好坏。

a. 测量集电极电阻。将多用表挡位调到电阻挡位，然后用表笔分别连接三极管的集电极和发射极，然后读取多用表的示数。如果示数是一个很大的电阻值，则表示这个三极管还正常。如果电阻值非常小，则说明出现了短路。

b. 测量发射极电压。还是用多用表，将挡位调到电压挡位，用表笔分别连接三极管的发射极和基极。然后读取多用表的示数，如果示数非常小，则说明三极管已经坏掉。

10.5.3　实训任务表

为了更好地掌握相关的技能，每个实训任务都要练习，为了不错过任何一个实训任务，请对照任务清单进行实训，见表 10-1。

表10-1 实训任务清单

序号	实训内容	实际操作	操作确认
1	用绝缘电阻表测量机器人平台电源线绝缘电阻	测量机器人平台电源线相线与地线之间的绝缘电阻	
		测量机器人平台电源线中性线与地线之间的绝缘电阻	
		测量机器人平台电源线相线与中性线之间的绝缘电阻	
2	用指针式多用表测量电容量	判断电容的好坏	
3	测量二极管	使用多用表测量二极管的好坏	
4	判断三极管的管脚极性	使用多用表判断三极管的管脚极性	
5	判断三极管的好坏	使用多用表判断三极管的好坏	

注：确认无误后请在"操作确认"一栏打√。

参考答案

第1章

一、选择题

1. A；2. B

二、判断题

1. √；2. ×

三、简答题

答：1）了解部件的功能、性能和工作原理。

2）了解各零件的机械结构。

3）了解各零件的作用和它们间的相对位置、装配关系、连接固定方式。

4）清楚部件的尺寸和技术要求。

第2章

一、选择题

1. B；2. A

二、判断题

1. √；2. ×

三、简答题

答：电功率是单位时间内电场力所做的功，在直流电路中，电功率与电压和电流的关系为 $P=UI$。

第3章

一、选择题

1. A；2. D

二、判断题

1. √；2. ×

三、简答题

1）使用工具时，操作人员必须熟知工具的性能、特点、使用、保管和维修及保养的方法。

2）购买的各种装配工具必须是正式厂家生产的合格产品。

3）操作前必须对工具进行检查，严禁使用变形、松动、有故障、破损等不合格的工具。

4）电动或风动工具在使用中不得进行高速和修理。停止工作时，禁止把机件、工具放在机器或设备上，以防工具伤人或伤设备。

5）机械装配操作中使用带有牙口、刃口（如美工刀）的工具及转动部分应有防护装置。

6）使用特殊工具时(如喷灯、冲头等)，应有相应安全措施。

7）使用小型工具时放在专用工具袋中妥善保管，避免丢失。

第 4 章

一、选择题

1. B；2. B

二、判断题

1. √；2. ×

三、简答题

答：

1）错误的接线方式：不正确的接线方式可能会导致短路、电流过载等问题，进而损坏设备或造成火灾等严重后果。

2）元器件老化：元器件长时间使用后容易发生老化，如电解电容器漏液、电源电容器爆裂等情况。如果不及时更换这些老化的元器件，可能会导致电气设备失效或发生危险。

3）渗漏电流：由于设备绝缘不良或外部环境影响等原因，电气设备很容易产生泄漏电流，如果不及时排查和处理，可能对人员造成危害。

4）设备短路：电气设备内部或与其他设备连接的地方，如果有导线或异物短路，会导致电流过大，引起设备故障甚至火灾等危险。

第 5 章

一、选择题

1. A；2. C

二、判断题

1. √；2. ×

三、简答题

答：内六角扳手与内六角螺栓/螺母之间的联接是通过贴合六角形凹槽来进行紧固的，即内六角扳手的头部形状与螺栓/螺母头部形状相同，能够完美嵌入六角形"凹槽"中，保证扳手施力均匀传递，从而实现螺栓/螺母的紧固或松开。

第 6 章

一、选择题

1. C；2. ABD

二、判断题

1. √；2. √

三、简答题

答：将需要压接的导线按照需求进行剥线，并将导线套入合适的端子中，然后将端子放入压线钳的钳口，并用力按压下手柄，直到听到"咔"的一声后，松开手柄。将端子取出，并进行拉力测试。

第 7 章

一、选择题

1. ABC；2. ABC

二、判断题

1. √；2. √

三、简答题

答：圆柱齿轮、锥齿轮、内齿轮、行星齿轮。

第 8 章

一、选择题

1. A；2. D

二、判断题

1. √；2. √

三、简答题

答：中间继电器的结构和原理与交流接触器基本相同，与接触器的主要区别在于：接触器的主触头可以通过大电流，而中间继电器的触头只能通过小电流。所以，它只能用于控制电路。它一般是没有主触点的，因为过载能力比较小。所以它用的全部都是辅助触头，数量比较多。

接触器主要作用是用来接通或断开主电路的。所谓主电路，是指一个电路工作与否是由该电路接通。主电路的概念与控制电路相对应。一般主电路通过的电流比控制电路大。因此，容量大的接触器一般都带有灭弧罩（因为大电流断开会产生电弧，不采用灭弧罩灭弧，将烧坏触头）。

第 9 章

一、选择题

1. B；2. CD

二、判断题

1. √；2. ×

三、简答题

答：游标卡尺的结构由主标尺、游标尺、深度尺、内测量爪、外测量爪和制动螺钉组成。

第 10 章

一、选择题

1. C；2. C

二、判断题

1. √；2. √

三、简答题

答：把旋扭拨到电阻挡后短路表笔，所有电阻挡都应显示 00，拨到蜂鸣挡时短路表笔，应能听到响声。